21世纪高等学校计算机规划教材
21st Century University Planned Textbooks of Computer Science

大学计算机基础实践指导与学习指南

(Windows 7+Office 2010)

彭勇 刘永娟 主编 王春霞 吴卫龙 韦忠庆 副主编

Study Guide of University Computer Foundation
(Windows 7+Office 2010)

人民邮电出版社
北京

图书在版编目（CIP）数据

大学计算机基础实践指导与学习指南 : Windows 7+ Office 2010 / 彭勇，刘永娟主编. -- 北京 : 人民邮电出版社，2015.4
21世纪高等学校计算机规划教材. 高校系列
ISBN 978-7-115-38524-6

Ⅰ. ①大… Ⅱ. ①彭… ②刘… Ⅲ. ①Windows操作系统－高等学校－教学参考资料②办公自动化－应用软件－高等学校－教学参考资料 Ⅳ. ①TP316.7②TP317.1

中国版本图书馆CIP数据核字(2015)第040086号

内 容 提 要

本书介绍了大学计算机基础实验的基本知识。全书由两部分构成，第一部分为上机指导，含计算机基础、Windows 7 操作系统、文字处理软件 Word 2010、文稿演示制作软件 PowerPoint 2010、电子表格处理软件 Excel 2010、数据库技术基础和计算机网络应用的实例应用。第二部分是与理论知识紧密结合的，分章节组织的习题。全书在实例和习题部分组织上，覆盖了各个知识要点，每个实例都按照实例描述和实例指导的形式展开，以满足学习者的需要。

本书可独立作为计算机基础的实验教材使用，也可以作为高等学校全国计算机等级考试指导用书。

◆ 主　　编　彭　勇　刘永娟
副 主 编　王春霞　吴卫龙　韦忠庆
责任编辑　桑　珊
责任印制　杨林杰

◆ 人民邮电出版社出版发行　　北京市丰台区成寿寺路 11 号
邮编　100164　　电子邮件　315@ptpress.com.cn
网址　http://www.ptpress.com.cn
北京鑫正大印刷有限公司印刷

◆ 开本：787×1092　1/16
印张：10.25　　　　2015 年 4 月第 1 版
字数：266 千字　　　　2015 年 4 月北京第 1 次印刷

定价：22.00 元

读者服务热线：(010)81055256　印装质量热线：(010)81055316
反盗版热线：(010)81055315

前　言

随着信息化社会中计算机应用领域的不断扩大、高等学校学生计算机知识起点的不断提高、教育理念的不断更新和计算机技术的高速发展，计算机基础教学内容与教学方法的改革正面临着重大的挑战。在这样的背景下，我们根据教育部及广西高等学校计算机教学指导委员会发布的高校计算机等级考试大纲，着眼于非计算机专业学生的计算机基础教育，本着“理论教学够用”为度，以应用为主线，实用为目标，突出能力培养的计算机基础课程教学改革方针，以 Windows 7 操作系统为平台、Microsoft Office 2010 为基本教学软件，出版了《大学计算机基础实践指导与学习指南（Windows 7+ Office 2010）》。

计算机基础课程涉及内容多、知识面广、更新快，具有很强的实践性，我们力求基于理论，注重实际应用，强化综合应用操作技能，强调理论与实践紧密结合，用鲜明的实例、翔实的步骤引导学生学习，努力培养学生的计算机应用能力，为学生以后各专业的学习奠定必要的计算机基础。

本书作者均是多年在教学一线从事高校计算机基础课程教学和教育研究的教师，在编写过程中，作者将长期积累的教学经验和体会融入知识体系，始终坚持以实际应用案例培养学生的基本技能，同时巩固学生学到的基础知识，突出应用能力的培养，将工作与生活中的计算机操作技能与技巧有机地组织在教材中。本书具有以下特点。

✧　操作步骤采用更容易理解的操作图表示，学生容易掌握和上机实践。

✧　配备相应的实例，使理论与实践紧密结合，突出学生的动手能力、应用能力和技能的培养。

✧　配有丰富的且难易程度不同的测试练习题及参考答案，供教师和学生进行测试和练习。

本书包含三部分。第一部分共 7 章，第 1 章介绍计算机的基础知识操作实例；第 2 章介绍 Windows 7 的基本操作，包括文件管理、程序管理和部分常用工具的使用等；第 3 章介绍文字处理软件操作实例，包括 Word 2010 的基本操作、文字中插入图形、插入表格、页面排版等；第 4 章介绍演示文稿的制作，包括 PowerPoint 2010 幻灯片的编辑、演示文稿的外观和动画效果、文稿演示的放映等；第 5 章介绍电子表格操作实例，包括编辑工作表、数据的图表化、数据管理等；第 6 章介绍数据库技术操作实例，包括数据库的建立以及记录数据的编辑和查询；第 7 章介绍计算机网络与应用操作实例，包括计算机网络基本概念、网络信息的浏览和搜索、Internet 服务应用等。第二部分（第 8 章）是与理论知识紧密结合的各章习题。

本书力求语言精练，讲解由浅入深，操作步骤详细，并采用操作图示，直观、真实、详尽，适合精讲多练的教学方法。

本书由广西科技大学的彭勇、刘永娟、王春霞、吴卫龙、韦忠庆等联合编写。彭勇、刘永娟任主编，王春霞、吴卫龙、韦忠庆任副主编。其中第 1、4 章由王春霞编写，第 2、7 章由韦忠庆编写，第 3 章由彭勇编写，第 5 章由吴卫龙编写，第 6、8 章由刘永娟编写。彭勇完成全书策划，刘永娟负责全书的修改统稿。本书的出版得到了广西科技大学的大力支持，在此表示衷心的感谢。同时也感谢有关专家、领导和教师对本书的关心指导。

由于作者水平有限，书中难免存在不足和疏漏，恳请各位专家及读者批评指正。

编者

2015 年 1 月

目 录 CONTENTS

第 4 章　文稿演示软件操作实例　24

第 5 章　电子表格实验操作实例　40

第 6 章　数据库技术操作实例　57

第 7 章　计算机网络与应用 操作实例　84

第8章 补充习题 94

参考文献 156

PART 1

第1章 计算机基础知识操作实例

1.1 要求

1. 学会启动与关闭计算机。
2. 了解计算机系统的基本组成。
3. 了解鼠标与键盘的构成及功能，并熟悉它们的使用。

1.2 启动与关闭计算机

1.2.1 启动计算机

启动计算机有3种方法：冷启动、热启动和复位启动。观察这3种启动的过程，思考在启动过程中所做的各种选择及操作的意义，了解主机、显示器和键盘的连接，分析它们在系统中各自的作用。

要启动计算机，首先要接通电源，然后再开机。接通电源时先开显示器的电源，然后再开主机的电源。有些计算机显示器的电源是由主机电源来控制的，这时只要打开主机的电源就可以了。

1．冷启动计算机

接通计算机的电源后，计算机先进行硬件检测。检测完成后，屏幕上显示带有“正在启动Windows”字样的画面，开始启动Windows。启动完成后，出现登录到Windows的用户名，单击你的用户名，输入密码，系统将显示Windows的桌面。

2．热启动计算机

在使用计算机的过程中若出现了故障，需要重新启动计算机时，可以使用热启动的方法。热启动可以使用下列方法之一。

- 选择“开始”→“关机”→“重新启动”命令。
- 按【Ctrl】+【Alt】+【Delete】组合键，在屏幕上出现的界面的右下角，选择“关闭”选项→“重新启动”命令。

3．复位启动计算机

按主机箱上的复位键【Reset】。

1.2.2 关闭计算机

关闭计算机采用的操作过程为：选择“开始”→“关机”命令。

当屏幕黑屏后，关闭显示器电源。

“关机”命令按钮用来退出 Windows，其选项包括如下几项。

- 切换用户：指在计算机用户账户中同时存在两个及以上的用户时，通过该选项切换用户，可以回到欢迎界面，保留原用户的操作，进入其他用户中的方式。
- 注销：注销与切换用户都可以回到欢迎界面，不同之处是前者关闭当前用户所有的工作，计算机处于没有任务的状态，等待用户的重新进入；后者可以在保留当前用户工作的同时，迅速地切换到另外一个用户。
- 锁定：当用户只是短时间不使用计算机，又不希望别人以自己的身份使用计算机时，可以锁定计算机。这时，系统保持当前的一切会话，数据仍然保存在内存中，只是计算机进入低耗电状态运行。当用户需要使用计算机时，只需移动鼠标即可使系统停止锁定状态，打开“输入密码”对话框，在其中输入密码即可迅速恢复到锁定前的会话状态。
- 重新启动：关闭当前运行的 Windows 系统，重新启动到 Windows 欢迎界面。
- 睡眠/休眠：Windows 7 提供了休眠和睡眠两种待机模式，其相同点是进入休眠或睡眠状态的计算机电源都是打开的，当前系统的状态会保存下来，但显示器和硬盘都停止工作，当需要使用计算机时，按主机电源键唤醒后就可以进入刚才的使用状态，这样可以在暂时不使用系统时起到省电的效果；其不同点在于睡眠模式系统的状态保存在硬盘里，而休眠模式系统的状态保存在内存里。

1.3 中英文打字案例

1.3.1 鼠标的使用

1．单击

将鼠标指针移动到“开始”按钮上单击，观察并记录操作的结果。

2．双击

将鼠标指针移动到桌面“计算机”图标上双击，观察并记录操作的结果。

3．右击

将鼠标指针移动到桌面“计算机”图标上单击鼠标右键，观察屏幕上出现的快捷菜单并记录操作的结果。

4．拖动

将鼠标指针移动到桌面“计算机”图标上双击，在打开的“计算机”窗口中，在左侧的窗格中单击打开“C:”盘，拖动 “Program Files”图标到任意空白位置，仔细观察并记录操作的结果。

1.3.2 键盘的使用

熟悉键盘上键位分布的特点，特别注意了解各种键位的功能和使用方法。

如图 1-1 所示，观察键盘的主键盘区、编辑键盘区、小键盘区、功能键盘区及状态指示区的分布情况。主键盘区又称打字键区，主要用于输入符号、字母等信息。功能键区中的键位主要用于完成一些特殊的任务和工作，如 F1～F6 的功能由系统决定，F7～F12 可根据用户的需要自行定义。编辑键盘区集合了所有对光标进行操作的键位及一些页面操作功能键，用于在进行文字处理时控制光标的位置。小键盘区主要是为了数字输入的快捷和方便而设立的。状态指示区主要用于指示键盘的工作状态。几个常用键的功能如表 1-1 所示。

根据定位键位操作键盘，基本的指法如图 1-2 所示，左手由小指到食指依次放在 A、S、D、F 四个键上，右手由食指到小指依次放在 J、K、L、；四个键上，大拇指轻放于空格键上。其余键的操作为从上往下同一列键分别由同一个手指操作。

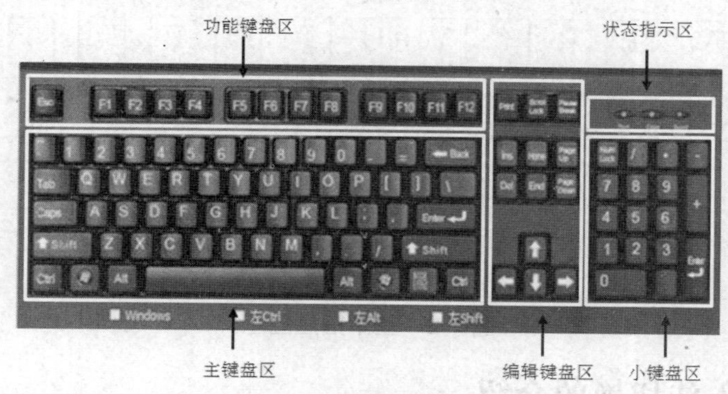

图 1-1　键盘布局图

表 1-1　常用键的基本功能

键的符号	功能和使用方法
Shift	换挡键。按住该键不放可输入双字符键的上方字符或大写字母
Caps Lock	大写字母转换键。当按该键时，右上角 Caps Lock 指示灯亮时可连续输入大写字母，再按该键，Caps Lock 指示灯灭时可输入小写字母
Enter	回车键。任何时候按该键都表示结束前面的输入或转换到下一行开始输入，或者执行前面输入的命令
Backspace	退格键。按一下该键，光标可左移一个位置，同时删除一个字符
Tab	制表定位键。按一下该键，光标可移动一个制表位置（8 个字符）
Ctrl	控制键。该键单独使用没有意义，主要用于与其他键组合在一起操作，构成某种控制作用。常用的组合控制键有：【Ctrl】+【Alt】+【Delete】、【Ctrl】+【C】等
Space	空格键。该键为一空白长条形，按一次该键输入一个空格
Alt	转换键。该键是组合键，单独使用没有意义。如【Ctrl】+【Alt】+【Delete】等
Esc	强行退出键。按此键后原来的命令无效
Pause	暂停键。按一下该键可暂停正在执行的命令和程序，任意按一个键即可继续执行
Print Screen	屏幕打印键。按该键可将屏幕的内容复制到内存中
Scroll Lock	屏幕锁定键。按下此键，则屏幕停止滚动，直到再按此键为止
↑、↓、←、→	光标移动键。使光标上移、下移、左移、右移
Home、End	使光标回到本行起始或结束位置
Page Up、Page Down	往前翻一屏内容或往后翻一屏内容
Insert	插入键。在光标位置前插入字符
Delete	删除键。删除光标后的一个字符
Num Lock	数字锁定键。Num Lock 指示灯亮时为数字状态，指示灯灭时为非数字状态

图 1-2　基本指法图示

1.3.3　输入法切换的介绍

（1）在 Windows 7 中，输入法的选择与切换有多种方法。

➢　单击任务栏右侧的输入法指示器，可选择不同的输入法。

➢　反复按下组合键【Ctrl　】+【Shift】，选择自己需要的输入法。若要实现中英文输入法切换，可按【Ctrl】+【空格】组合键。

➢　选择"开始"→"控制面板"→"区域和语言"命令，弹出"区域和语言"对话框，如图 1-3 所示。在"区域和语言"对话框中，选择"键盘和语言"→"更改键盘"命令，弹出"文本服务和输入语言"对话框，如图 1-4 所示。单击"常规"选项，可以添加或者删除各种输入法；单击"高级键设置"选项卡，可以为自己选定的输入法设置转换快捷键。

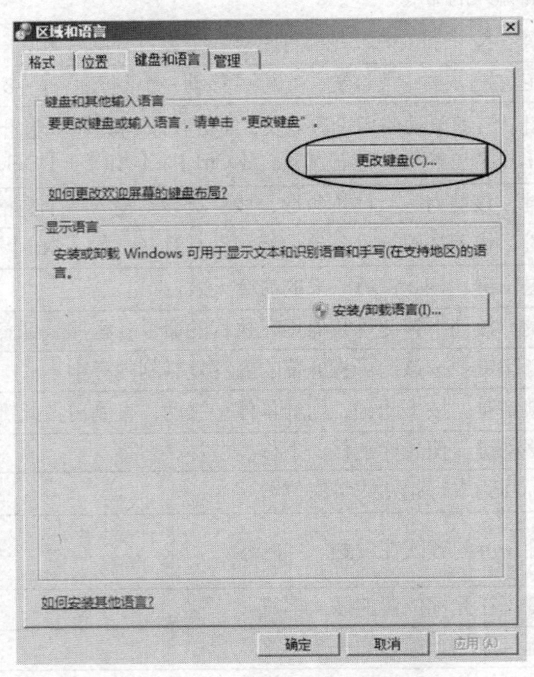

图 1-3　"区域和语言"对话框

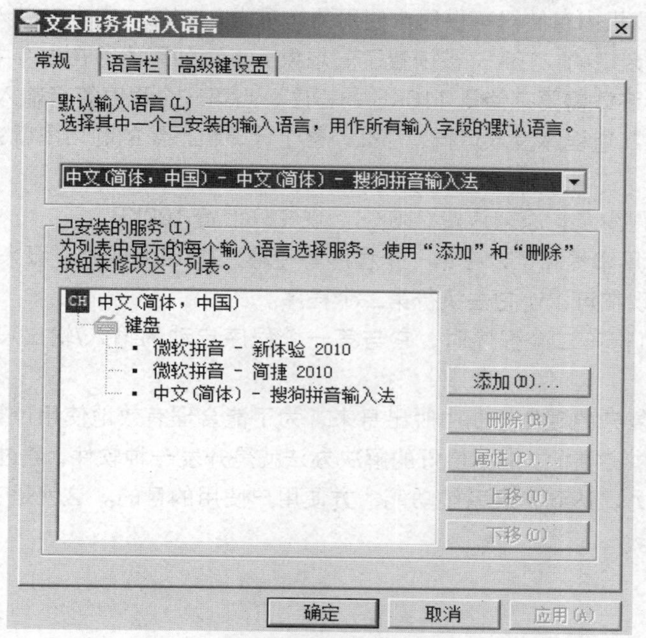

图 1-4 “文本服务和输入语言”对话框

（2）用正确的打字姿势、指法录入下列文本。

You use the keyboard to type instructions for your computer, and to type information you want your computer to process. All keyboards have letter keys, punctuation keys, and a spacebar, which resemble the keys on a type writer. Most keyboards also have function, numeric and arrow keys, in addition to Alt, Ctrl, Del and Enter or Return keys. Their placemention the keyboard is determined by the computer manufacturer; how they are used is determined by the software you are using.

Because the number keys are grouped together on the numeric keypad, the keypad is a quick and easy way to type numbers. With many software products, you must press the Num Lock key before using the Caps Lock key on your typewriter.

When you press the Num Lock key on the numeric keypad the numbers you in addition to the standard. Numeric, arrow, and function keys, extended keyboards include Backspace, Ins, Del, Page Down, Home, and End keys. Typically, You can use the Page Up, Page Down, Home, and End keys to move around or scroll through information on your screen, and you can use the Backspace, Ins, and Del keys to edit text. As with other keys on your keyboard, what these keys do depends on the software you are using.

通常，把未配置任何软件的计算机称为“裸机”。如果让用户直接面对裸机，事事都深入到计算机的硬件里面去，那么他们的精力就绝对不可能集中在如何用计算机解决自己的实际问题上，计算机本身的效率也不可能被充分发挥出来。

举例来说，要在一台 PC 上进行硬盘读操作，使用者至少应该把磁盘地址、内存地址、字节数、操作类型（读/写）等具体值装入特定的硬件寄存器中，否则根本谈不上完成预定的输入/输出任务。实际上，许多输入/输出设备往往会要求比这更多的操作参数，在输入/输出结束后，可能还需要对设备返回的诸多状态加以判别。

又例如，某计算机内存储器可供用户使用的容量为 576KB。若现在装入的用户程序占用其中的 360KB，那么余下的 216KB 被闲置了。想象一下，如果能够在内存中装入多个程序，例如，在 216KB 中再装载需要存储量 116KB 的程序，当第一个程序等待输入/输出完成而暂时不用 CPU 时，能让第二道程序投入运行，那么，整个计算机系统的利用率就会大为提高。理由如下。

（1）内存浪费得少了，原来浪费 216KB，现在只浪费 100KB。

（2）CPU 的利用率提高了，在第一个程序等待输入/输出完成时，原来 CPU 只能够采取空转的方式来等待，现在可以让它去执行第二个程序。

（3）在 CPU 执行第二个程序时，它与第一个程序启动的输入/输出设备呈现并行工作的态势。

可见，为了从复杂的硬件控制中脱出身来，为了能合理有效地使用计算机系统，为了能给用户使用计算机提供必要的方便，最好的解决办法就是开发一种软件，通过它来管理整个系统，发挥系统的潜在能力，达到扩展系统功能、方便用户使用的目的。这就是“操作系统”这一软件出现的根本原因。

PART 2

第2章 操作系统操作实例

2.1 要求

1. 了解 Windows 7 桌面的组成。
2. 掌握 Windows 7 的基本操作，包括窗口、菜单、对话框和任务栏。
3. 学会应用程序的启动、切换和退出。
4. 学会 Windows 7 资源的管理。
5. 学会 Windows 7 的系统设置。
6. 学会 Windows 7 附件的使用。

2.2 Windows 7 的基本操作

2.2.1 Windows 7 桌面的组成

启动 Windows 7 后，观察 Windows 7 桌面的组成。

2.2.2 窗口的组成与操作

双击桌面上的“计算机”图标，打开“计算机”窗口（见图 2-1），观察窗口的组成。

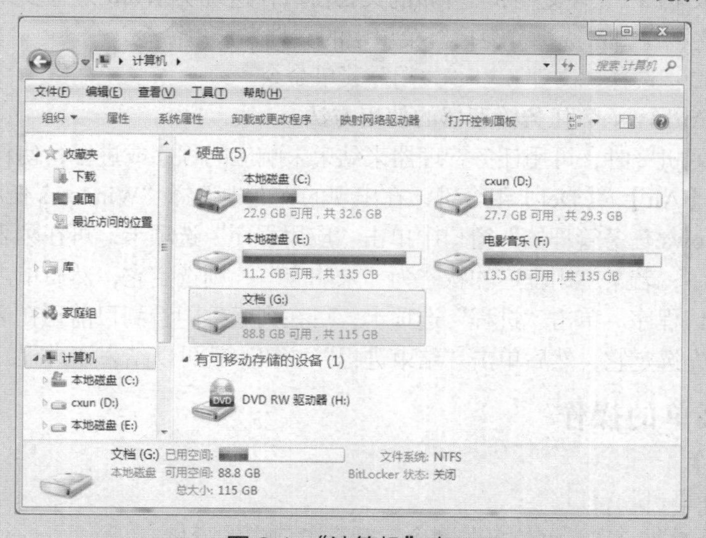

图 2-1 “计算机”窗口

1．使用鼠标操作窗口

- 单击任务栏上的“计算机”图标，激活“计算机”窗口。
- 将鼠标指针移动到“计算机”窗口的标题栏，拖曳它可在桌面上随意移动窗口到任何位置。
- 单击“计算机”窗口的标题栏最大化按钮、还原按钮、最小化按钮，观察窗口的变化。
- 将鼠标指针移动到“计算机”窗口的左右边框上，当鼠标指针变为“↔”形状时，左右拖动鼠标，可以在水平方向上改变窗口的大小；将鼠标指针移动到“计算机”窗口的上下边框上，当鼠标指针变为“↕”形状时，上下拖动鼠标，可以在垂直方向上改变窗口的大小；将鼠标指针移动到“计算机”窗口的4个角上，当鼠标指针变为“⤢”或“⤡”形状时，拖动鼠标，可以同时在水平和垂直方向上改变窗口的大小。

2．使用键盘操作窗口

使用【Alt】+【空格】组合键激活系统菜单，然后利用上/下键选择最大化、还原、大小、移动、最小化菜单命令对窗口进行操作。

3．使用滚动条查看窗口的内容

当窗口的内容在窗口中显示不完全时，就会出现水平或垂直的滚动条，使用滚动条可以查看其中的内容。单击滚动条中的箭头、滚动块、滚动条中的空白区域，观察窗口中的内容是如何变化的。

4．关闭“计算机”窗口

单击“计算机”窗口标题栏上的“关闭”按钮，或选择“文件”→“关闭”命令，关闭“计算机”窗口。

5．文档窗口的打开（新建）、切换和关闭操作

选择“开始”→“所有程序”→“Microsoft Office”→“Microsoft Word 2010”命令，打开Word窗口，可以看到名为“文档1”的文档窗口。单击文档窗口的最大化按钮、还原按钮，比较文档窗口的最大化状态与还原状态有什么不同。

重复选择“开始”→“所有程序”→“Microsoft Office”→“Microsoft Word 2010”命令，可以看到出现“文档2”、“文档3”等新的文档窗口，这说明Word具有多文档处理功能。

切换Word文档窗口：选择“窗口”菜单中的文档名菜单命令。

关闭文档窗口：选择“文件”→“关闭”菜单命令。

6．掌握Windows 7任务管理器的使用方法

当计算机“死机”时，可用任务管理器来结束未响应的程序或进程，使计算机恢复正常使用。按【Ctrl】+【Alt】+【Del】组合键，在出现的界面中选择“Windows任务管理器”菜单，在出现的“Windows任务管理器”窗口中单击“应用程序”选项卡，可在列表框中看到目前正在运行的应用程序；若某应用程序的状态为“未响应”，则选定它，然后单击“结束任务”按钮，就可以结束该程序。单击“进程”选项卡，可在列表框中看到目前正在运行的进程；若要结束某一进程，先选定它，然后单击“结束进程”按钮，就可以结束该进程。

2.2.3 菜单的操作

1．基本操作

- 打开“计算机”窗口。
- 选择“查看”→“详细信息”命令，观察窗口中的变化。

- 按【Alt】+【V】组合键，打开“查看”菜单，然后按【↓】键，将高亮条移动到“大图标”命令，最后按【Enter】键，观察窗口中的变化。

2．使用帮助和支持菜单

使用 Windows 7 提供的帮助和支持系统，可以查看系统提供的各种命令的操作方法。选择“开始”→“帮助和支持”命令，打开“Windows 帮助和支持”窗口，在“搜索帮助”框中输入“日期和时间”，单击“搜索”按钮，单击“更改日期、时间、货币和度量的表示”超链接，查看如何修改系统日期和时间。

3．查看修改系统日期和时间

查看并修改系统日期和时间的方法如下。

双击任务栏右侧的日期和时间，在弹出的窗格中单击“更改日期和时间设置”超链接，打开“日期和时间”对话框，在该对话框中单击“更改日期和时间”按钮，弹出“日期和时间设置”对话框，如图 2-2 所示，在该对话框中设置系统的日期和时间，然后单击“确定”按钮。

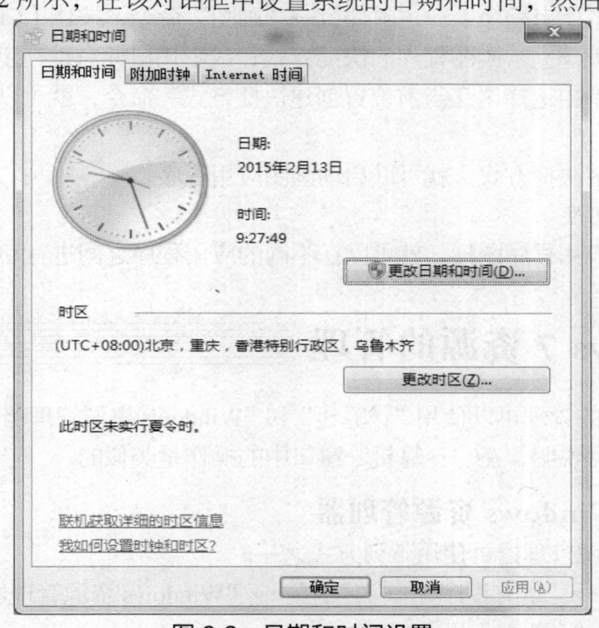

图 2-2　日期和时间设置

4．自定义“开始”菜单

将“开始”→“所有程序”→“附件”→“画图”命令放入“开始”→“所有程序”→“启动”菜单下，可使用下列方法之一。

（1）鼠标拖动法。

按住【Ctrl】键，拖曳“开始”→“所有程序”→“附件”→“画图”命令到“开始”→“所有程序”→“启动”菜单的下侧（其颜色变深时）。

（2）建立快捷菜单法。

单击“开始”→“所有程序”→“启动”命令，然后右键单击“启动”命令，在打开的快捷菜单中选择“打开”命令，这时出现“启动”文件夹窗口。按住【Ctrl】键，拖曳“开始”→“所有程序”→“附件”→“画图”命令到“启动”文件夹窗口即可。

2.2.4　对话框的使用

- 选择“开始”→“所有程序”→“附件”→“写字板”命令，打开“写字板”窗口。

- 选择“写字板”按钮中的“打开”命令，打开“打开”对话框。
- 掌握在对话框中控件的移动和操作方法。
- 用“打开”对话框打开“C:\Program Files\WinRAR\Readme.TXT”文件。

2.2.5 应用程序的操作

1．启动与退出

- 选择“开始”→“所有程序”→“附件”→“画图”命令，启动“画图”应用程序。

或选择“开始”→“所有程序”→“附件”→“运行”命令，在出现的“运行”对话框中输入“MSPAINT”启动“画图”应用程序。

- 退出应用程序，只要关闭应用程序窗口，或选择“写字板”按钮中的“退出”命令就可以了。

2．建立快捷方式

选择“开始”→“所有程序”→“附件”→“画图”命令，按住【Ctrl】键，拖曳“画图”菜单命令到桌面上，就建立了画图程序的快捷方式；或者用鼠标右键拖曳“画图”命令到桌面上，在弹出的快捷菜单中选择“在当前位置创建快捷方式”命令，就可以在桌面上建立画图应用程序的快捷方式了。

双击桌面上的画图快捷方式，就可以启动画图应用程序。

3．应用程序的切换

单击任务栏上的应用程序图标，就可以在不同的应用程序之间进行切换。

2.3 Windows 7 资源的管理

对 Windows 资源的管理可以使用“计算机”和“Windows 资源管理器”，这里以“Windows 资源管理器”为例进行说明，在“计算机”窗口中的操作是类似的。

2.3.1 启动 Windows 资源管理器

启动 Windows 资源管理器可使用下列方式之一。

- 选择“开始”→“所有程序”→“附件”→“Windows 资源管理器”命令。
- 双击桌面上的“计算机”图标。
- 右击“开始”菜单，在弹出的快捷菜单中选择“打开 Windows 资源管理器”命令。

2.3.2 调整 Windows 资源管理器窗口

1．调整窗格的大小

Windows 资源管理器窗口的左侧窗格称为“导航窗格”，右侧的窗格称为“文件列表”窗格，导航窗格和文件列表窗格之下的细长窗格称为“细节窗格”。

将鼠标指针移动到资源管理器窗口中左右窗格的分隔条上，当鼠标指针变为“↔”时，向左或向右拖动鼠标调整左右窗格的大小。

将鼠标指针移动到资源管理器窗口中上下窗格的分隔条上，当鼠标指针变为“↕”时，向上或向下拖动鼠标调整上下窗格的大小。

2．显示状态栏与窗口布局的调整

默认状态下，资源管理器窗口中显示的工具栏包括标准工具栏、地址栏、搜索栏。使用“查看”→“状态栏”命令，可以显示或不显示状态栏。

若要调整窗口的布局，选择标准工具栏中的“组织”→“布局”中的“菜单栏”、“导航窗格”、“ 细节窗格”或“预览窗格”来改变窗口的布局。

3．改变对象的显示方式和排列方式

（1）展开对象。

资源管理器窗口的左窗格显示的是“导航窗格”。

单击任意一个含有“▷”符号的对象，或双击对象图标，就会展开该对象所包含的下一层对象，并且“▷”符号变为“◢”符号。

再次单击含有“◢”符号的对象，或双击对象图标，就会折叠该对象，并且“◢”符号变为“▷”符号。

（2）浏览对象中的内容。

在左窗格中选定对象后，该对象的内容将显示在右边的窗格中。双击右边窗格中的对象也可以展开对象。

（3）改变对象的显示方式。

在右边窗格中对象的显示方式包括超大图标、大图标、中等图标、小图标、列表、详细信息、平铺、内容，这些可以通过选择“查看”菜单中的相应菜单命令，或选择标准工具栏中“更多选项”按钮中相应的菜单命令来切换，注意观察每种显示方式的特点。

（4）改变对象的排序方式。

在“详细信息”显示方式下，右窗格的顶部显示有“名称”“大小”“类型”“修改日期”4 个按钮，单击其中一个，右窗格中的内容将按其重新排序。按钮上有向上箭头表示按升序排列，有向下箭头表示按降序排列，升序和降序的切换可以通过单击该按钮来进行。注意单击按钮时，右窗格中内容的变化。

对象图标的排序方式可以按名称、类型、大小、修改时间来排序，这可以通过选择“查看”→“排列方式”菜单中相应的菜单命令来实现。注意观察右边窗格中的变化。

2.3.3 使用 Windows 资源管理器

在 Windows 资源管理器中可以管理计算机中的所有资源，包括硬盘、光盘、U 盘、文件、文件夹、网络、回收站等。这里主要说明对文件、文件夹、U 盘等的操作。

1．新建文件夹

选定 C 盘，然后选择“文件”→“新建”→“文件夹”菜单命令，这时在右边的窗格中出现“新建文件夹”文件夹，按【Del】键，删除“新建文件夹”字样，然后输入“LX”并按【Enter】键，就在 C 盘下创建了一级文件夹 LX。再选定左窗格中的 LX 文件夹，用同样的方法在 LX 文件夹下分别建立名为 LX1 和 LX2 的两个二级子文件夹。

2．复制文件或文件夹

选定要复制的文件或文件夹，选择“编辑”→“复制”命令，再在目标文件夹下选择“编辑”→“粘贴”命令，或用拖曳的方法可以将文件或文件夹复制到“C:\LX”文件夹下。

3．移动文件或文件夹

选定“C:\LX”中的文件或文件夹，选择“编辑”→“剪切”命令，再在目标文件夹下选择“编辑”→“粘贴”命令，或用拖动的方法将文件或文件夹移动到 C:\LX\LX1 文件夹下。

4．文件或文件夹重命名

展开“C:\LX”文件夹，然后在右边的窗格中右击 LX1 文件夹，在弹出的快捷菜单中选择“重命名”菜单命令，将文件夹名 LX1 更改为 XS1，同样，将文件夹 LX2 名更改为 XS2。

5．删除文件或文件夹

展开“C:\LX”文件夹，然后选择“编辑”→“全部选定”命令，按【Del】键，在弹出的“确认删除多个文件”对话框中单击“是”按钮，删除LX文件夹下的所有文件和文件夹，看一下右窗格中是否为空。

6．恢复删除的文件或文件夹

双击桌面上的“回收站”图标，打开“回收站”窗口，在窗口中选择XS1和XS2文件夹，然后单击“还原”按钮；再到资源管理器窗口中，展开“C:\LX”文件夹，看其中是否包含有XS1和XS2文件夹。考虑若要恢复原来LX文件夹下的其他文件，应当如何操作呢？

7．修改文件或文件夹的属性

右击要修改属性的文件或文件夹，在弹出的快捷菜单中选择“属性”菜单命令，这时出现“属性”对话框，在该对话框中显示出文件或文件夹的位置、大小、类型等信息，并显示出文件的两种属性——只读、隐藏。可以根据需要选定或不选定这些复选框来设置文件或文件夹的属性。

8．U盘的格式化

将U盘插入USB接口中，在资源管理器的左窗格中右击U盘盘符，在弹出的快捷菜单中选择“格式化”菜单命令，这时弹出“格式化”对话框，如图2-3所示。

选定“快速格式化”复选框，单击“开始”按钮，进行U盘的快速格式化，观察U盘的格式化过程。

当格式化完成后，选定“C:\LX”文件夹，右击，在弹出的快捷菜单中选择“发送到”→“移动磁盘”命令，将我们在资源管理器中建立的LX文件夹复制到U盘上。

9．浏览硬盘

在资源管理器中右击C盘图标，选择“属性”命令，打开“本地硬盘（C:）属性”对话框，记录硬盘的文件系统类型、可用空间、已用空间和总的空间。

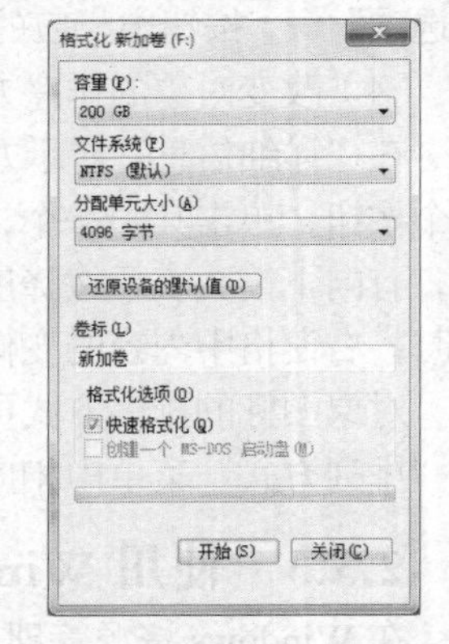

图2-3 “格式化”对话框

2.4 Windows 7的系统设置

2.4.1 桌面的设置

右击桌面的空白处，在弹出的快捷菜单中选择“个性化”命令，这时出现“个性化”窗口。

1．设置桌面

在“个性化”窗口中选择“桌面背景”超链接，设置屏幕背景图片为“Windows桌面背景”中的“Windows”，并居中显示。

2．设置屏幕保护程序

在“个性化”窗口中选择“屏幕保护程序”超链接，设置屏幕保护程序为“三维文字”，文字的内容为“大学计算机基础”，字体为“幼圆”，等待时间为“5分钟”，并设置密码保护。

2.4.2 设置屏幕的分辨率和颜色

右击桌面的空白处，在弹出的快捷菜单中选择“屏幕分辨率”命令，这时出现“屏幕分辨率”窗口。

在“屏幕分辨率”窗口中，设置屏幕的分辨率为1280像素×800像素。

2.4.3 区域设置

打开“控制面板”窗口，切换到图标视图模式，双击“区域和语言”图标，这时弹出“区域和语言”对话框，在“格式”选项卡中单击“其他设置”按钮，弹出“自定义格式”对话框。

1．数字格式设置

在“自定义格式”对话框中选择“数字”选项卡，这时的对话框如图2-4所示。

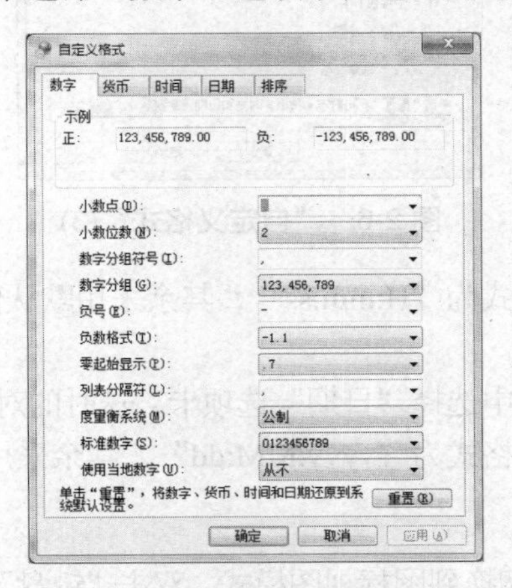

图2-4 “自定义格式”(1)

在该对话框中设置小数点为“.”、小数位数为“2”位、数字分组符号为“,”、数字分组为3位分组、度量衡系统为“公制”，其余采用默认值。

2．货币格式设置

在“自定义格式”对话框中选择“货币”选项卡，这时的对话框如图2-5所示。

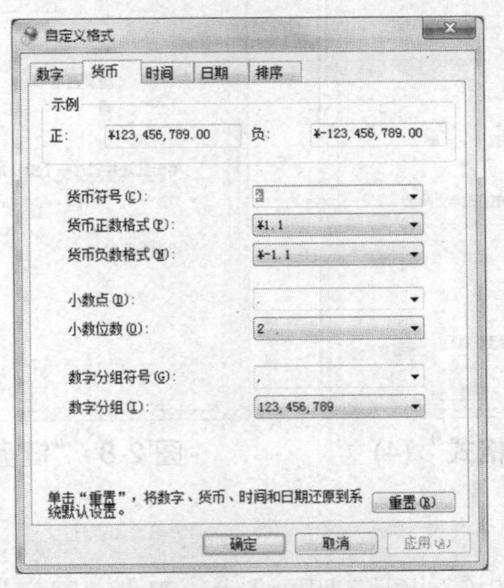

图2-5 “自定义格式”(2)

在该对话框中设置货币符号为“¥”、小数点为“.”、小数位数为“2”位，其余采用默认值。

3．时间格式设置

在“自定义格式”对话框中选择“时间”选项卡，这时的对话框如图2-6所示。

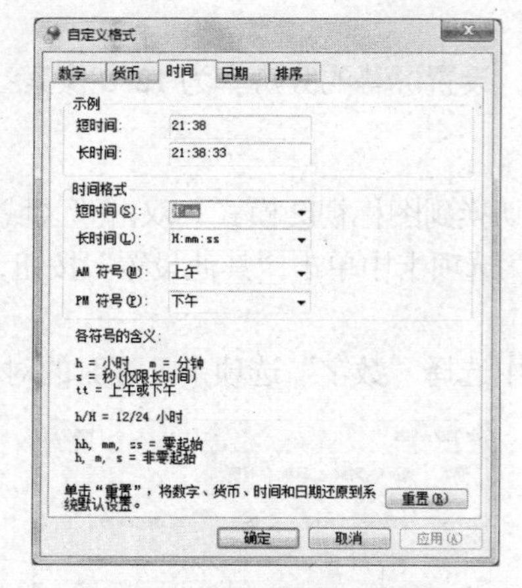

图 2-6　“自定义格式”(3)

在该对话框中设置时间格式为“H:mm:ss”，其余采用默认值。

4．日期格式设置

在“自定义格式”对话框中选择“日期”选项卡，这时的对话框如图 2-7 所示。

在该对话框中设置短日期格式为“yyyy:MM:dd”，其余采用默认值。

2.4.4　键盘设置

打开“控制面板”窗口，切换到图标视图模式，双击“键盘”图标，这时弹出“键盘 属性”对话框，如图 2-8 所示。

选择“速度”选项卡，按如图 2-8 所示设置键盘的字符重复和光标闪烁速度。

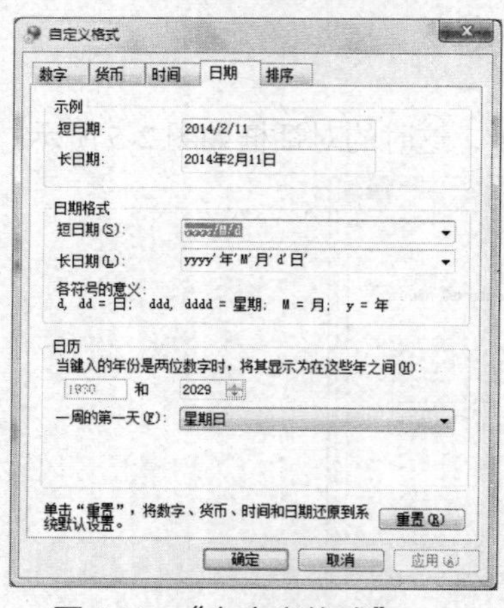

图 2-7　“自定义格式”(4)

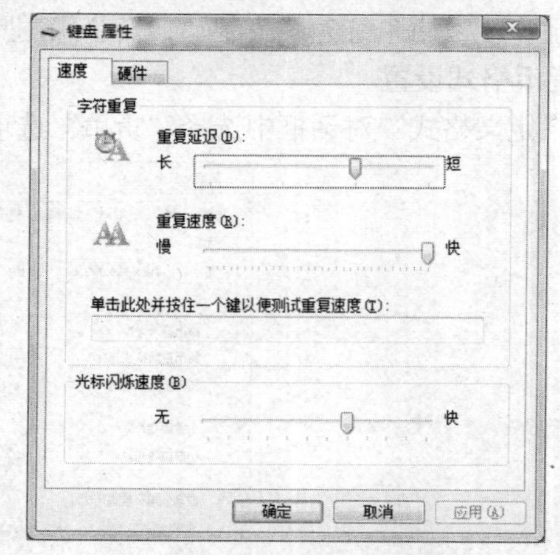

图 2-8　“键盘 属性”对话框

2.4.5　鼠标设置

打开“控制面板”窗口，切换到图标视图模式，双击“鼠标”图标，这时弹出“键盘 属性”对话框，打开“控制面板”窗口，双击“鼠标”图标，这时弹出“鼠标 属性”对话框，如图 2-9 所示。

选择“指针选项”选项卡，按如图 2-9 所示设置鼠标指针的移动速度。

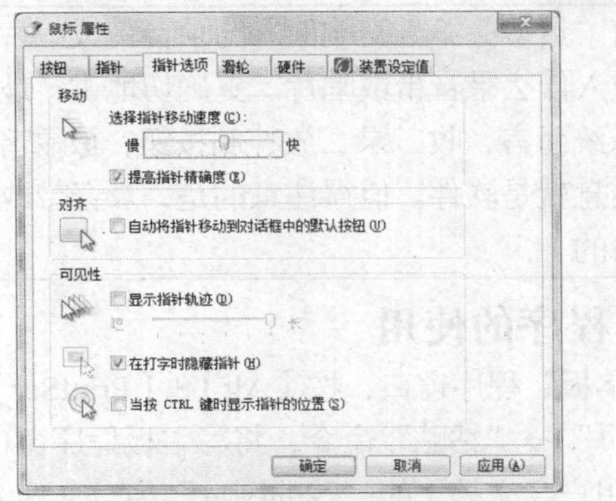

图 2-9 “鼠标 属性”对话框

2.4.6 任务栏和“开始”菜单的设置

右击任务栏的空白处，在弹出的快捷菜单中选择“属性”命令，弹出“任务栏和「开始」菜单属性”对话框，然后选择“任务栏”选项卡，在该对话框中选定“自动隐藏任务栏”“使用小图标”复选框，最后单击“确定”按钮，观察当鼠标指针移到任务栏位置和离开该位置时，任务栏的变化。

2.4.7 添加用户和修改用户密码

添加用户“teacher”，并设置密码为“123456”。

打开“控制面板”窗口，切换到图标视图模式，双击“用户账户”图标，打开“用户账户”窗口，单击“管理其他账户”超链接，在弹出的“管理账户”窗口中，单击“创建一个新账户”链接，在出现的窗口中，按提示输入用户名“teacher”，创建账户。

在“管理账户”窗口的列表中选定该用户，然后单击“创建密码”链接，在弹出的窗口中输入密码“123456”即可完成对该用户密码的创建。

2.5 Windows 7 附件的使用

Windows 7 包含大量的附件，如写字板、计算器、画图、记事本等，这里主要练习一下写字板和画图程序的使用。

2.5.1 使用“写字板”录入文字

启动“写字板”程序，录入下列文字，并按下列要求排版。

- 标题用“隶书”22 磅，居中；
- 正文用“新宋体”10.5 磅。

计算机的组成

电子计算机也叫做“电脑”。我们所说的计算机通常是指“计算机系统”，而不是零散的计算机部件。计算机要构成一个“系统”，则必须要有“硬件”和“软件”两个部分。所谓“硬件”，就是计算机系统中可以看见的、实实在在的设备。所谓“软件”，就是人们为计算机编制的程序。硬件提供了计算机系统的物质基础，而软件用来指挥硬件如何工作。比如，对一个音响系统而言，应该有收、录、放控制按钮和放录音带的盒子及音箱。但是，仅仅有这些还是不够的，还要有录音带和唱片。例如，要想听“贝多芬第五交响曲”，不但要有音响设备，而且必须有“贝多芬第五交响曲”的录音带或唱片。也就是说，这套音响系统播放什么乐曲，取决于放入什么录音带或唱片。更确切地讲，是取决于录音带或唱片上所记录的信息。对一个音响系统而言，收、录、放控制按钮，放录音带的带仓及音箱都是硬件，录音带或唱片上记录的信息就是软件。值得注意的是，录音带或唱片本身也属于硬件（因为它们也是看得见、摸得着的）。

2.5.2 “画图”程序的使用

激活前面使用的“写字板”程序窗口，按【Alt】+【PrintScr】组合键，然后打开“画图”应用程序窗口，选择“主页”→“粘贴”命令，将写字板程序窗口的内容放在“画图”程序窗口中。最后将文件保存到用户名文档下的“我的图片”中，文件名为“写字板窗口”，以备在后面的文档上机练习时使用。

PART 3

第3章 文字处理软件操作实例

3.1 要求

1. 掌握 Word 2010 基本的编辑操作。
2. 掌握 Word 2010 的排版操作。
3. 掌握在 Word 2010 中插入对象的操作。
4. 掌握表格的制作方法。

3.2 Word 2010 的编辑操作

3.2.1 文字录入

录入下列文字，该段文字介绍了在 Windows 中文字的录入方法以及符号的插入方法。

在 Word 中录入文字可以按下列步骤进行。

第 1 步：将光标移动到输入文字的位置。

第 2 步：单击任务栏上的输入法指示器按钮CH，在弹出的输入法菜单中选择需要的输入法。

第 3 步：输入文字。

对文字录入中一些特殊符号的处理可以使用下列方法之一。

- 选择“插入”→“符号”→“其他符号”命令，在弹出的“符号”对话框中进行操作。如要插入符号“☎”，在“符号”对话框的“字体”列表框中选择“Wingdings”选项，然后在列表框中选定符号“☎”，最后单击“插入”按钮，就在文档中插入了符号“☎”。
- 使用汉字输入法提供的软键盘，单击输入法状态栏中的软键盘按钮⌨，在弹出的快捷菜单中选择需要的软键盘，如要输入符号“∞”，可选择“数学符号”软键盘，在弹出的软键盘中单击需要的符号“∞”即可。

3.2.2 查找与替换

使用“查找和替换”对话框，将 3.2.1 小节输入的文字中“输入”一词替换为红色的“输入”，操作步骤如下。

第 1 步：将指针定位到该段文字的开始处。

第 2 步：选择“开始”→“编辑”→“替换”命令，弹出“查找和替换”对话框。

第 3 步：在“查找内容”文本框中输入“输入”一词。

第 4 步：在“替换为” 文本框中输入“输入”一词。

第 5 步：单击“更多”按钮，扩展“查找和替换”对话框。

第 6 步：将指针定位在“替换为”文本框上，单击“格式”按钮，在弹出的菜单中选择“字体”命令，弹出“字体”对话框。

第 7 步：在“字体”对话框的“字体颜色”下拉式列表框中选择红色，关闭“字体”对话框。

第 8 步：单击“查找和替换”对话框的“查找下一处”按钮，找到后单击“替换”按钮。

若在“搜索范围”下拉式列表框中选择“向下”选项，然后单击“全部替换”按钮，比较一下替换的效果。

3.3 Word 2010 排版

这里介绍的排版方法经常用在 16 开书的排版中。

3.3.1 页面设置

新建一个 Word 文档，然后选择“页面布局”→“页面设置”组旁的对话框启动器，弹出“页面设置”对话框。

1. 选择纸张大小

在“页面设置”对话框中选择“纸张”选项卡，然后在“纸张大小”下拉式列表框中选择“A4”纸张。

2. 设置页边距

在“页面设置”对话框中选择“页边距”选项卡，然后设置上、下页边距均为 3.84 cm，左、右页边距均为 3.09 cm；在“页面设置”对话框中选择“版式”选项卡，设置页眉距边界为 2.9 cm，页脚距边界为 3.24 cm。

3. 版式设置

在“页面设置”对话框中选择“版式”选项卡，然后在“页眉和页脚”选项组中，选定“奇偶页不同”和“首页不同”两个复选框。

如在常用的科技图书中，偶数页页眉为书名、奇数页页眉为章名，首页不显示页眉。

3.3.2 排版操作

输入下列文字，并按其指示的操作进行排版。下列样文中，标题用黑体 4 号字，正文用新宋体 5 号字。

§1　首字下沉

首字下沉就是将一段话的第一个字放大数倍，以吸引读者的注意力。首字下沉的操作：将指针移动到需要首字下沉的段落中，然后选择“插入”→“文本”→“首字下沉”→“首字下沉选项”命令，打开“首字下沉”对话框。在该对话框中选择首字下沉的位置及选项即可。

§2 分栏排版

分栏就是将版面分为多个垂直的窄条，再在窄条之间插入空隙。这样的垂直窄条称为栏。

实际上经常使用的是分一栏的排版，这一栏占据一页的宽度。

分栏排版的操作过程如下。

第1步：输入分栏排版这一节的全部文字。

第2步：将文档切换到页面视图模式下。

第3步：选定这一节的全部文字，包括最后一段后的段落标志。

第4步：选择“页面布局”→“页面设置”→“分栏”→“更多分栏”命令，打开“分栏”对话框。

第5步：在该对话框中设置为分两栏，并加分割线。

§3 边框和底纹

本样文处的边框是按照这样的方法来设置的：首先选定该段文字，然后选择“页面布局”→“页面背景”→“页面边框”命令，在弹出的“边框和底纹”对话框中选择“边框”选项卡，单击“方框”图标，最后在“线型”下拉式列表框中选择边框的线型，并在“应用于”下拉式列表框中选择“段落”选项。

本样文处的底纹是按照这样的方法来设置的：首先选定该段文字，然后选择“页面布局”→“页面背景”→“页面边框”命令，在弹出的“边框和底纹”对话框中选择“底纹”选项卡，在“样式”下拉式列表框中选择5%。注意段落标志是否选定对操作结果的影响。

3.4 插入对象

在Word中可以插入各种对象，如公式、艺术字、图片、表格等。

3.4.1 插入公式

将光标移动到要插入公式的位置，然后选择“插入”→“符号”→“公式”→“插入新公式”命令，出现“在此处键入公式”域。然后利用“公式工具-设计”功能区中的按钮进行公式的编辑，在编辑的过程中注意选择正确的模板与符号。

输入下面的样文。

2014-2015 学年第一学期高等数学考试试题

一、计算题（40分）

1. 已知$f(x)=\dfrac{x}{\sin(x)}$，求$f'(x)$。

2. 已知$F(y)=\int_{y}^{y+1}\mathrm{e}^{-x^2y}\mathrm{d}x$，求$F'(y)$。

3. 设$f(x+y,x-y)=x^3-y^3$，求$\dfrac{\partial f(x,y)}{\partial x}+\dfrac{\partial f(x,y)}{\partial y}$。

3.4.2 插入图片

插入的图片可以来自剪贴画，或其他应用程序创建的图形、图像文件。如在计算机图书中经常用到的屏幕图像是按照下列步骤来插入的。

第1步：若需要整个屏幕图像，按【PrintScr】键；若需要当前窗口或对话框图像，按【Alt】

+【PrintScr】组合键，这时图像被放到剪贴板上。

第 2 步：启动画笔程序，将剪贴板中的内容粘贴到画图窗口中，并将图像的高度和宽度设置为和粘贴的图像高度宽度相同。在画图程序中保存图像文件。

第 3 步：在 Word 窗口中，将指针移动到要插入图片的位置，选择“插入”→“插图”→“图片”命令，选定（在 2.5.2 小节中保存的文件）“写字板窗口”图片。

第 4 步：将图片设置为水印。

选择“页面布局”→“页面背景”→“水印”→“自定义水印”命令，在弹出的“水印”对话框中选定“图片水印”单选按钮，单击“选择图片”按钮，在打开的“插入图片”对话框中选择要作为水印的图片。

若要将插入的图片放在文字之下层，选择图片的“大小和位置”快捷菜单，在弹出的“布局”对话框的“文字环绕”选项卡中选择“衬于文字下方”图标。

将图片调整到合适的大小。选择图片的“大小和位置”快捷菜单，在弹出的“布局”对话框的“大小”选项卡中不选定“锁定纵横比”复选框，这样，图片的大小可以在对角线方向任意改变大小。

3.4.3 插入艺术字

对插入的艺术字同样可以进行文字的环绕及衬于文字下方、上方等操作。其操作方法与对图片的操作方法是相同的。下边插入的艺术字就是采用“四周型”环绕、居中对齐后的效果。

大学计算机基础

3.4.4 插入文本框

使用文本框可以改变文字的排列方向。一般的页面是按横排或竖排进行排列的，但若要使页面中部分文字改变其排列方向，可以采用插入文本框的方法来实现。如在考试试卷中，经常在一页的左边要求考生填写准考证号、姓名等信息，并且是竖排的，这就是通过插入竖排文本框的方法来实现的，具体操作方法如下。

第 1 步：选择“插入”→“文本”→“文本框”→“绘制竖排文本框”命令，这时鼠标指针变为十字形。

第 2 步：将鼠标指针移到要插入文本框的左上角，按住并拖动鼠标到要插入文本框的右下角，就可以画一文本框。

第 3 步：向文本框中输入文字。

第 4 步：设置文本框的格式。如要设置不显示文本框的边框，在“设置形状格式”对话框的“线条颜色”选项卡中，将线条颜色选择为“无线条”即可。

第 5 步：将文本框移动到需要的位置。如移到页面的左边距处。

3.5 制作表格

在 Word 中可以制作表格，对表格的操作包括调整行高、调整列宽、插入行、插入列及单元格合并等。要制作如表 3-1 所示的表格可以采用下面的操作过程。

第1步：制作空表格。

将插入点放在要绘制表格处，选择“插入”→“表格”→“插入表格”命令，在出现的“插入表格”对话框的“列数”中输入8，在“行数”中输入5。

这时绘出的表格如表3-1所示。

表3-1　绘制的空表格

第2步：录入文字。

将插入点放在第一个单元格，输入“城市”，这时不要按【Enter】键，而是按【Tab】键或将指针移动到下一个单元格。填写好所有单元格的内容和标题后的表格如表3-2所示。

表3-2　录入文字后的表格

城市	月份	北京	广州	巴黎	伦敦	莫斯科	纽约
二月		4/−8	17/13	7/1	7/2	−5/−13	4/−2
一月		1/−10	18/13	6/0	7/2	−9/−16	4/−3
三月		11/−1	19/16	11/2	11/9	0/−8	9/1
五月		27/13	28/23	19/8	17/7	19/8	21/12

第3步：调整行高与列宽。

将指针放在第一行下表线上，当鼠标指针变为“┼”形状时，直接向下拖动鼠标指针到适当的位置。

选定表格第二行到最后一行，选择“表格属性”快捷菜单，弹出“表格属性”对话框（见图3-1），设置行高为“0.71厘米”。

选定整个表格，用同样的方法设置列宽为1.6cm。

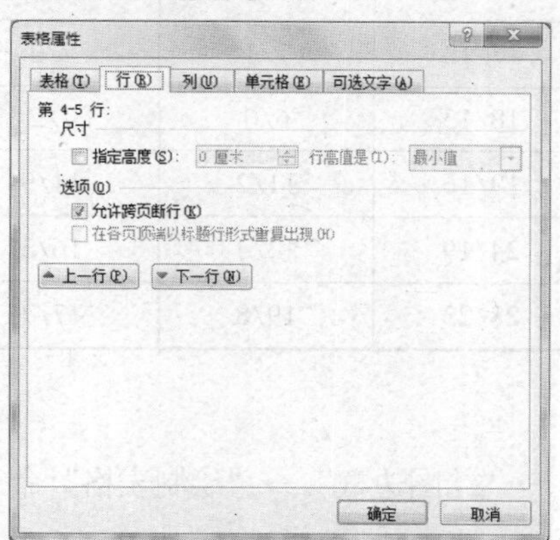

图3-1　“表格属性”对话框

设置后的表格如表 3-3 所示。

表 3-3 设置行高与列宽后的表格

城市	月份	北京	广州	巴黎	伦敦	莫斯科	纽约
二月		4/−8	17/13	7/1	7/2	−5/−13	4/−2
一月		1/−10	18/13	6/0	7/2	−9/−16	4/−3
三月		11/−1	19/16	11/2	11/9	0/−8	9/1
五月		27/13	28/23	19/8	17/7	19/8	21/12

第 4 步：插入新行。

选定最后一行，选择“表格工具-布局”→“行和列”→“在上方插入”命令，可在最后一行之前插入一新行，然后按表 3-4 所示录入数据。

表 3-4 插入新行后的表格

城市	月份	北京	广州	巴黎	伦敦	莫斯科	纽约
二月		4/−8	17/13	7/1	7/2	−5/−13	4/−2
一月		1/−10	18/13	6/0	7/2	−9/−16	4/−3
三月		11/−1	19/16	11/2	11/9	0/−8	9/1
四月		21/7	24/19	13/4	16/5	10/1	15/6
五月		27/13	28/23	19/8	17/7	19/8	21/12

第 5 步：合并单元格。

选定“城市”和“月份”两个单元格，选择“表格工具-布局”→“合并”→“合并单元格”命令，用同样的方法可以合并其他单元格，合并后的表格如表 3-5 所示。

表 3-5 合并单元格后的表格

城市 月份	北京	广州	巴黎	伦敦	莫斯科	纽约
二月	4/−8	17/13	7/1	7/2	−5/−13	4/−2
一月	1/−10	18/13	6/0	7/2	−9/−16	4/−3
三月	11/−1	19/16	11/2	11/9	0/−8	9/1
四月	21/7	24/19	13/4	16/5	10/1	15/6
五月	27/13	28/23	19/8	17/7	19/8	21/12

第 6 步：画斜线。

选择“表格工具—设计”→“绘图边框”→“绘制表格”命令，在“城市月份”单元格中画斜线，如表 3-6 所示。

表 3-6 画斜线后的表格

城市 月份	北京	广州	巴黎	伦敦	莫斯科	纽约
二月	4/−8	17/13	7/1	7/2	−5/−13	4/−2
一月	1/−10	18/13	6/0	7/2	−9/−16	4/−3
三月	11/−1	19/16	11/2	11/9	0/−8	9/1
四月	21/7	24/19	13/4	16/5	10/1	15/6
五月	27/13	28/23	19/8	17/7	19/8	21/12

第 7 步：移动行和列。

移动行：选定第三行，剪切，然后粘贴到第二行。

移动列：选定“巴黎”一列，剪切，然后粘贴到“莫斯科”一列左侧处。

第 8 步：为表格添加边框线。

选定表格，打开“表格工具-设计”功能区，在其中选择线型、颜色、线宽和边框的样式。

第 9 步：设置标题。

输入标题“世界主要城市气温表（℃）”，并将其设置为楷体、加粗、3 号字、居中，加波浪线，如表 3-7 所示。然后将整个表格居中。

表 3-7 世界主要城市气温表（℃）

世界主要城市气温表（℃）

城市 月份	北京	广州	伦敦	巴黎	莫斯科	纽约
一月	1/−10	18/13	7/2	6/0	−9/−16	4/−3
二月	4/−8	17/13	7/2	7/1	−5/−13	4/−2
三月	11/−1	19/16	11/9	11/2	0/−8	9/1
四月	21/7	24/19	16/5	13/4	10/1	15/6
五月	27/13	28/23	17/7	19/8	19/8	21/12

PART 4

第 4 章 文稿演示软件操作实例

4.1 要求

1. 掌握利用幻灯片版式创建幻灯片的方法。
2. 掌握幻灯片的美化方法。
3. 掌握幻灯片的母版编辑方法。
4. 掌握幻灯片的动画设置、项目符号的设置等。
5. 掌握幻灯片中各类图形、表格、图片的插入和设置等。

4.2 PowerPoint 应用案例 1——公司简介

4.2.1 效果展示

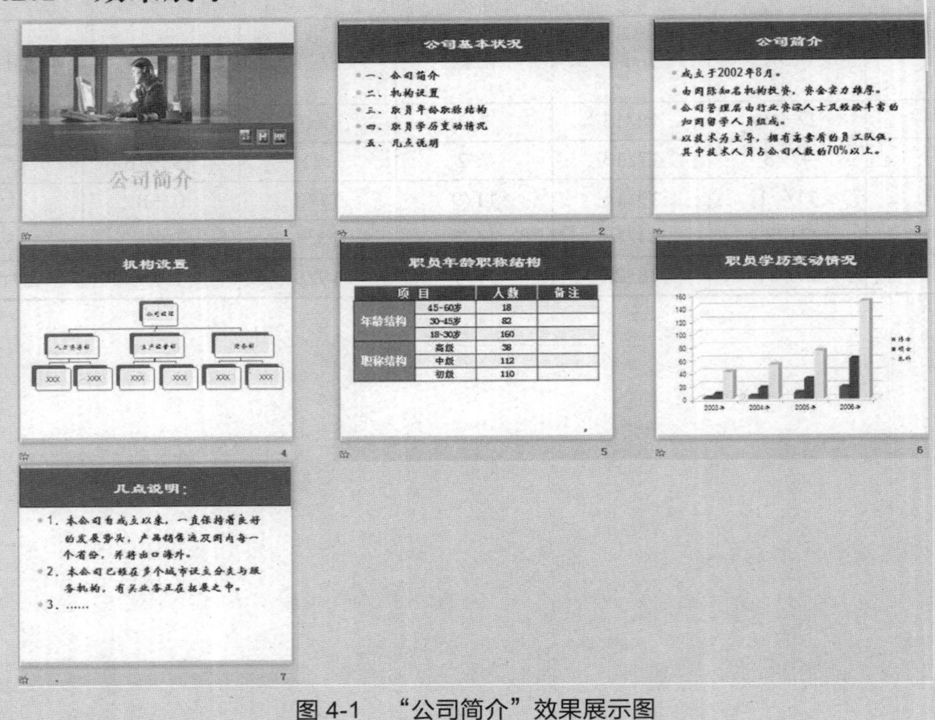

图 4-1 “公司简介”效果展示图

4.2.2 实例描述

本实例要求完成以下内容。

（1）创建“公司简介”幻灯片：公司简介.pptx 。

（2）在“公司简介.pptx”幻灯片中分别建立公司简介（标题）公司基本概况、公司简介、机构设置、职员年龄职称结构、职员学历变动情况及几点说明7张幻灯片。

（3）设置幻灯片背景颜色、动画效果、版式。

（4）设置幻灯片字体的字号、颜色等。

（5）图片、结构图、表格、柱形图的插入和编辑等。

4.2.3 实例指导

按下列步骤制作公司简介的演示文稿。

1. 启动PowerPoint 2010，熟悉PowerPoint的工作界面

选择“文件”→“所有程序”→“Microsoft Office” →“Microsoft PowerPoint 2010”命令，启动PowerPoint，单击“保存”按钮，将该文档以“公司简介.pptx”为文件名保存在自己的文件夹中。

2. 制作第1张幻灯片

（1）选择第1张幻灯片中的“单击此处添加标题”和“单击此处添加副标题”两个空白文本，如图4-2所示，按【Delete】键删除。

（2）单击鼠标右键，在弹出的快捷菜单中选择“设置背景格式”，弹出“设置背景格式”对话框，如图4-3所示。在对话框中，单击“填充”→“颜色”下三角按钮，选择“其他颜色”，弹出“颜色”对话框，如图4-4所示。单击对话框中的“自定义”选项，输入RGB颜色数值，单击“确定”，并关闭“设置背景格式”对话框，可得到所需的幻灯片背景色。

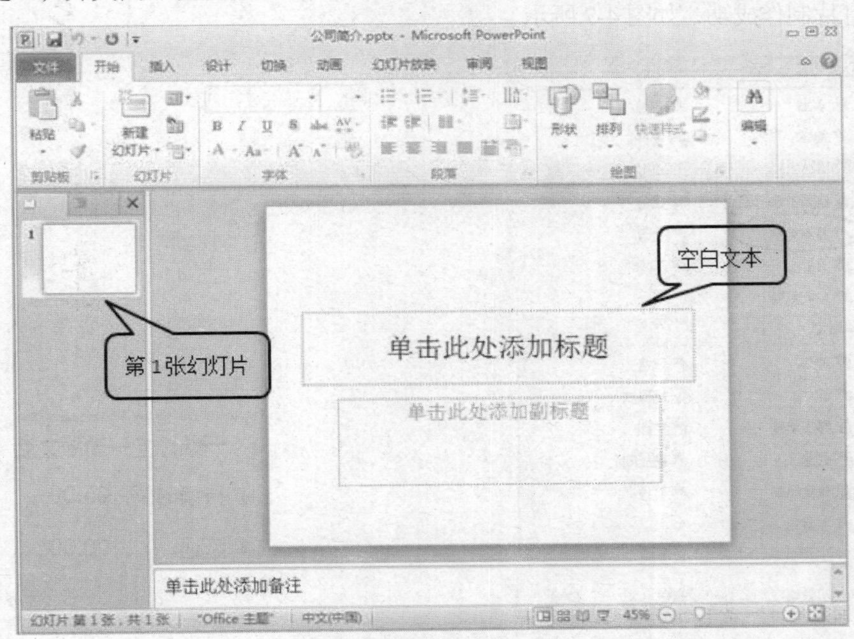

图4-2 删除空白文本

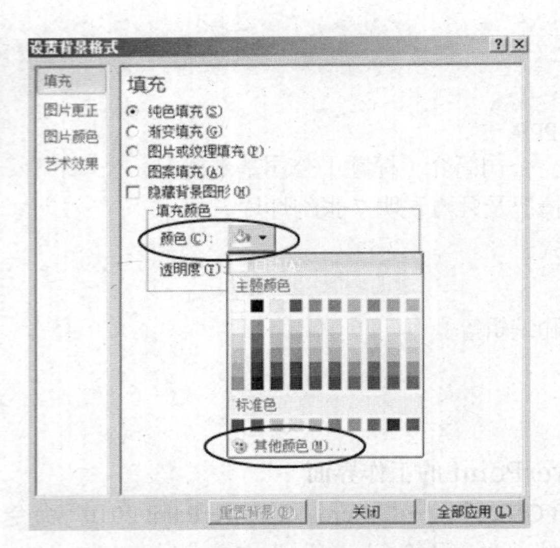

图 4-3 “设置背景格式”对话框

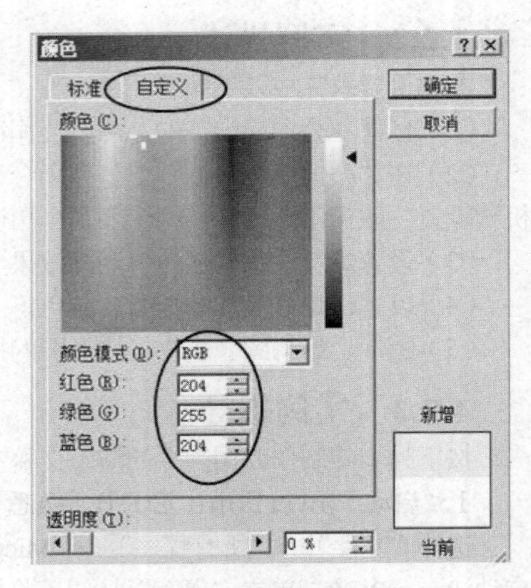

图 4-4 “颜色”对话框

（3）单击“插入”→“图像”→“图片”命令来添加所需的图片，并调整图片大小以适应演示文稿。

（4）单击“插入”→“文本”→“艺术字”命令，选择其中的一种样式后，弹出一个文本框，在文本框中输入“公司简介”，并编辑其字号，字体等。

（5）将“公司简介”文字选中，选择“动画”选项卡下的“其他”按钮，选择“更多进入效果”，弹出“更改进入效果”对话框，如图 4-5 所示，选择其中的一种效果作为“公司简介”的动画效果，如基本缩放。并设置动画开始的时间、持续时间等，如图 4-6 所示。到此，第 1 张幻灯片制作成功，如图 4-7 所示。

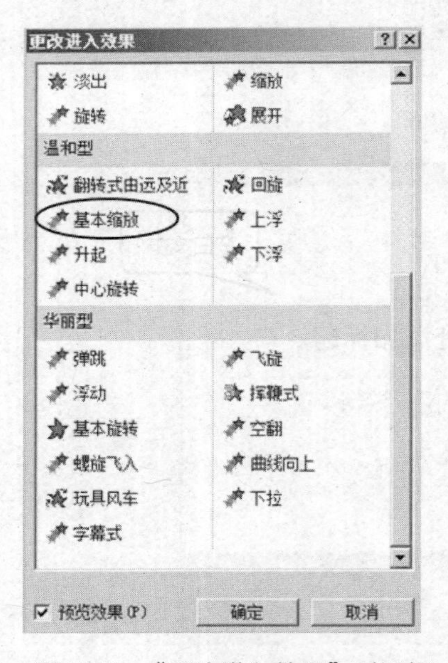

图 4-5 “更改进入效果”对话框

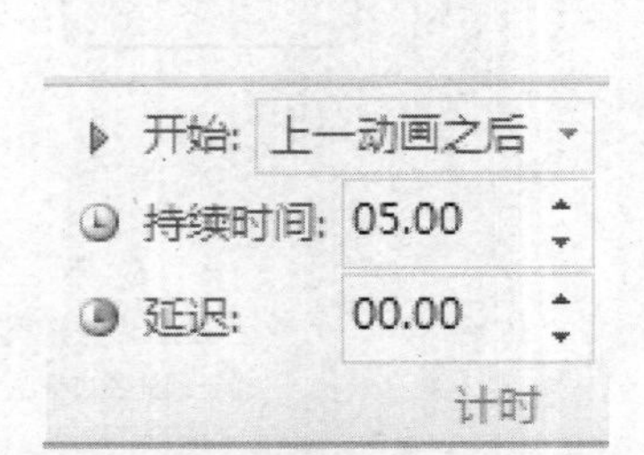

图 4-6 设置动画的时间等

图 4-7 第 1 张幻灯片

3. 制作第 2 张幻灯片

（1）单击“开始”→“幻灯片”→“新建幻灯片”下三角按钮，选择版式为“标题和内容”的幻灯片。

（2）单击“设计”→“主题”选项，单击右键选择其中的一种主题，弹出快捷菜单，在快捷菜单中选择“应用于选定幻灯片”，如图 4-8 所示。此时，第 2 张幻灯片的主题已设置完成。按照如图 4-9 所示输入演示文稿的内容，并将字体进行设置，如字号、颜色等。

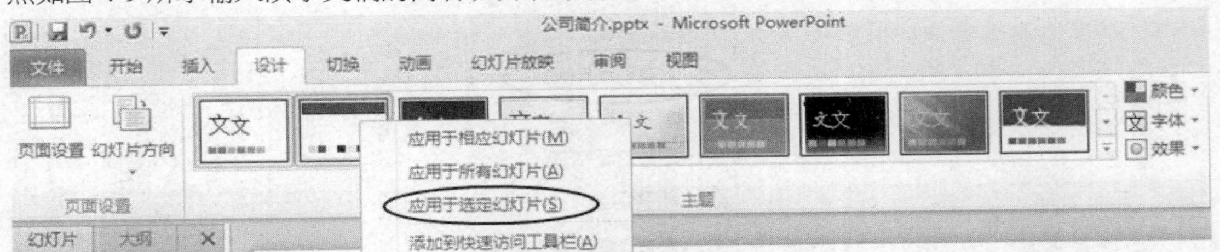

图 4-8 设置幻灯片主题

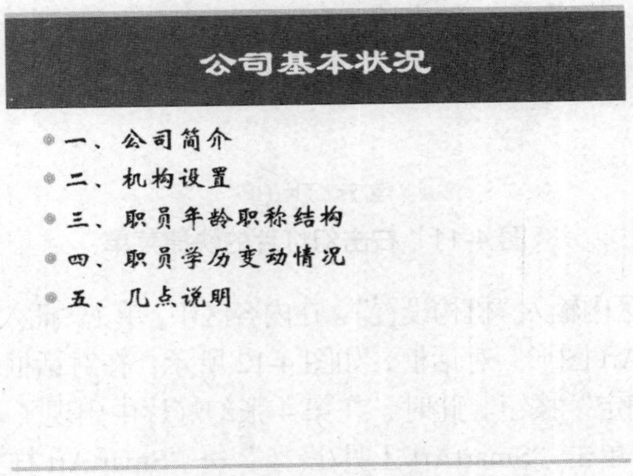

公司基本状况

- 一、公司简介
- 二、机构设置
- 三、职员年龄职称结构
- 四、职员学历变动情况
- 五、几点说明

图 4-9 第 2 张幻灯片

4. 制作第 3 张幻灯片

在第 2 张幻灯片下方，单击鼠标右键弹出快捷菜单，在快捷菜单中选择“新建幻灯片”，按照如图 4-10 所示的结构，输入文本内容，完成第 3 张幻灯片的制作。

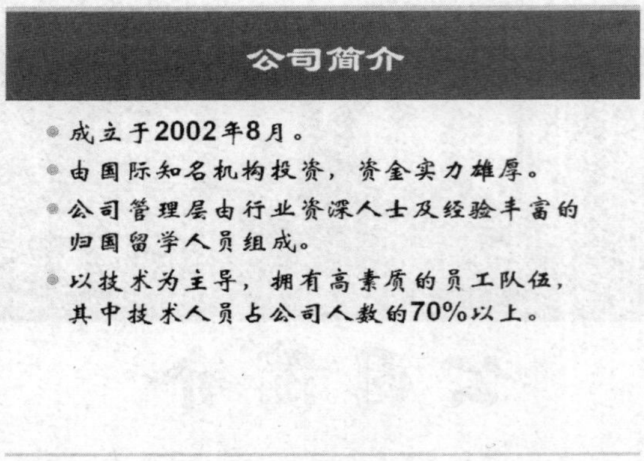

公司简介
成立于2002年8月。
由国际知名机构投资，资金实力雄厚。
公司管理层由行业资深人士及经验丰富的归国留学人员组成。
以技术为主导，拥有高素质的员工队伍，其中技术人员占公司人数的70%以上。

图 4-10　第 3 张幻灯片

5．制作第 4 张幻灯片

（1）在第 3 张幻灯片上单击鼠标右键，将弹出如图 4-11 所示的快捷菜单。在快捷菜单上单击“新建幻灯片”，可观察到新增加了一张默认版式是“标题和内容”的幻灯片。

剪切(T)
复制(C)
粘贴选项:
新建幻灯片(N)
复制幻灯片(A)
删除幻灯片(D)
新增节(A)
发布幻灯片(S)
检查更新(U)
版式(L)
重设幻灯片(R)
设置背景格式(B)...
相册(P)...
隐藏幻灯片(H)

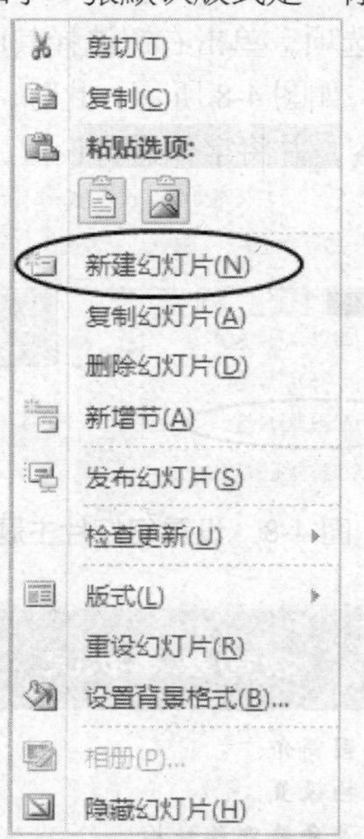

图 4-11　右击幻灯片的快捷菜单

（2）在幻灯片的标题区内输入“机构设置”。在内容区中，单击“插入”→“插图”→“SmartArt”按钮，弹出“选择 SmartArt 图形”对话框，如图 4-12 所示，在对话框中选择“层次结构”选项下的层次结构，单击“确定”按钮。此时，在第 4 张幻灯片中出现了一张层次结构图。

（3）选中该结构图，单击“SmartArt 工具/设计”→“SmartArt 样式”→“更改颜色”下三角按钮，为结构图选择合适的颜色，如图 4-13 所示。

（4）接着为结构图第二层添加一个文本框。右键单击第二层右侧文本框，在弹出的快捷菜单中选择“添加形状”→“在后面添加形状”，即可在其右侧创建一个文本框，如图 4-14 所示。

（5）同样地，采用步骤（4）中的方法，为第三层创建其余文本框，最终得到要求的结构图，调整好该结构图的大小，并按图 4-15 所示输入文本内容。

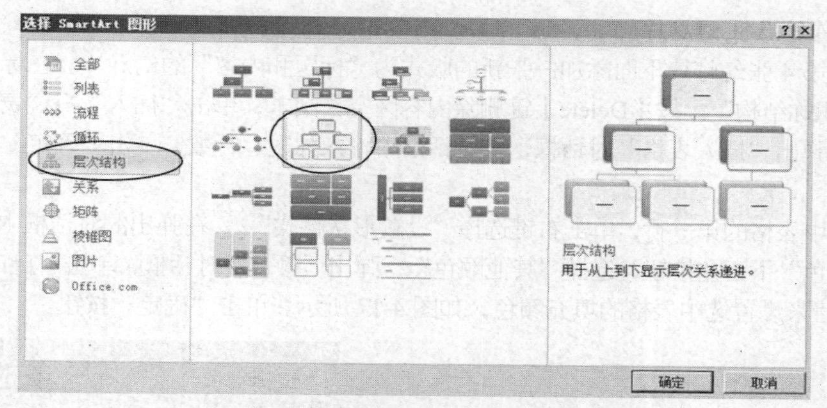

图 4-12　“选择 SmartArt 图形”对话框

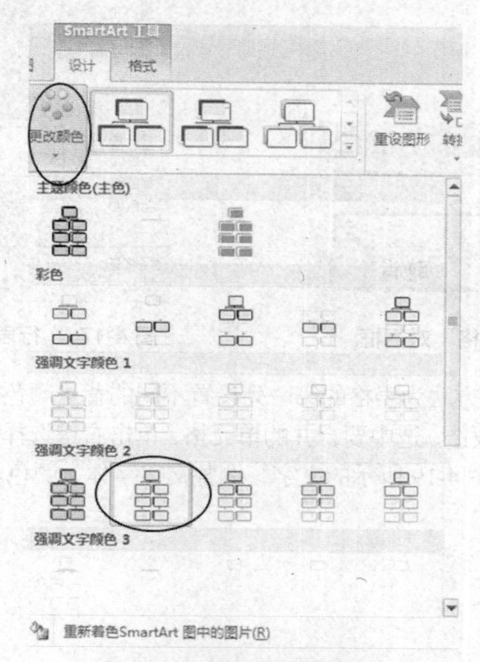

图 4-13　设置结构图颜色

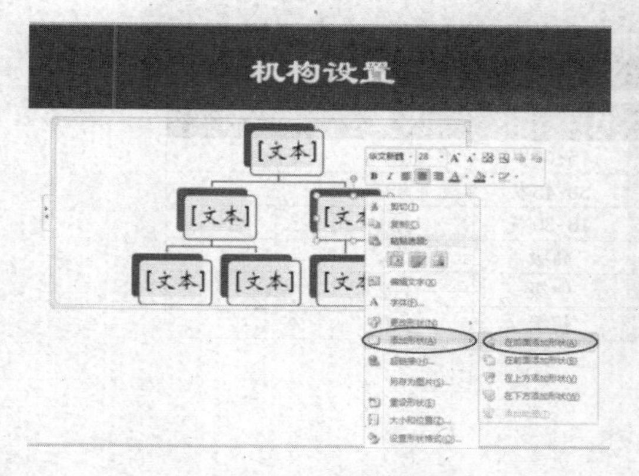

图 4-14　构建结构图

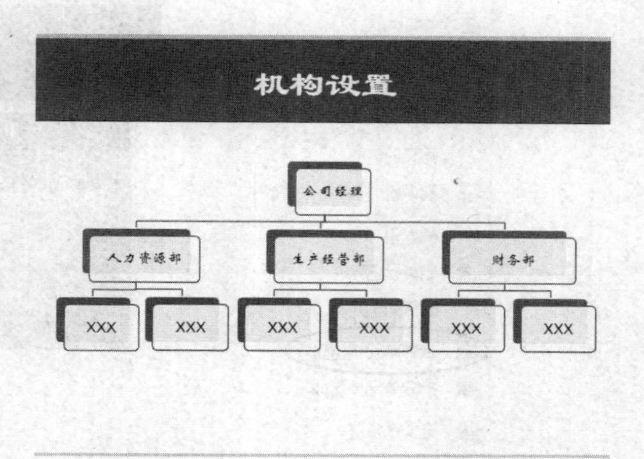

图 4-15　第 4 张幻灯片

6．制作第 5 张幻灯片

（1）在第 4 张幻灯片下面添加一张新的版式为“标题和内容”的幻灯片。在标题区中输入“职员年龄职称结构”。按【Delete】键删除内容区空白文本，单击“插入”→“表格”→“插入表格”，弹出“插入表格”对话框，在对话框中输入列数、行数，单击“确定”按钮，如图 4-16 所示。

（2）选中表格的第一行，单击右键选择“设置形状格式”， 在弹出的对话框中，单击“填充”→“颜色”下三角按钮，选择“其他颜色”，弹出“颜色”对话框，单击“自定义”选项，输入 RGB 值来设置选中表格的填充颜色，如图 4-17 所示。单击“确定”按钮。

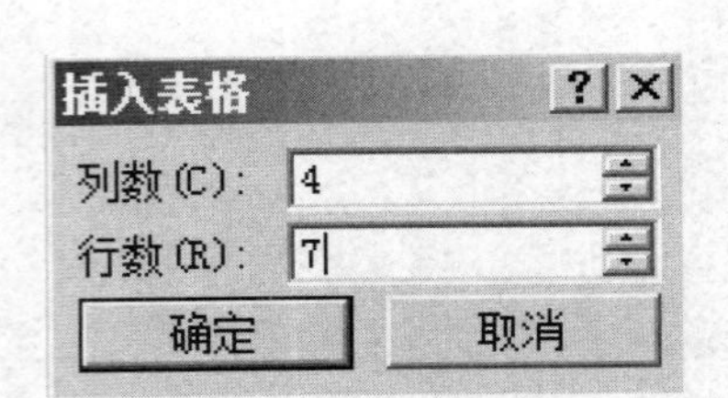

图 4-16 “插入表格”对话框

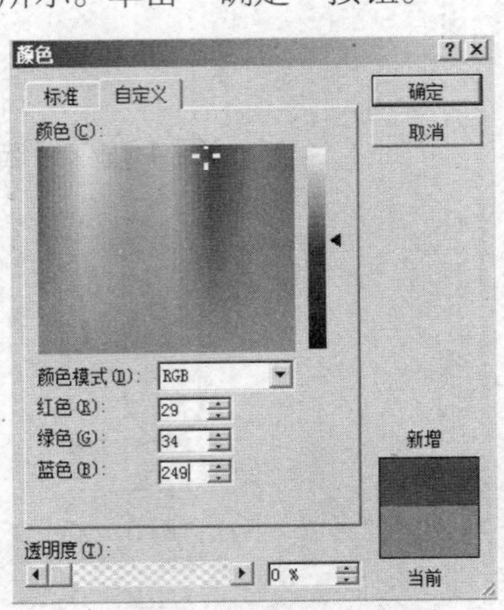

图 4-17 行表格的填充颜色设置

（3）用步骤（2）中的方法为表格的第一列设置不同的背景颜色，输入 RGB 值：11、181、31。并对插入的表格进行改造，选中要合并的单元格，单击右键选择“合并单元格”，如图 4-18 所示，并在表格中输入如图 4-19 所示的文字，调整文字字体、颜色、对齐格式等。

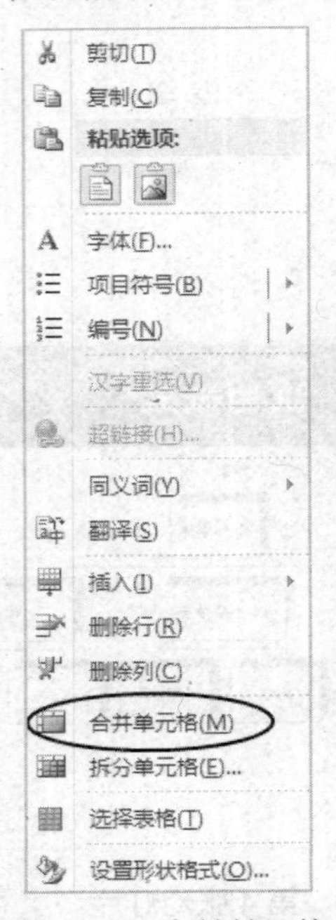

图 4-18 合并单元格

职员年龄职称结构

项 目		人 数	备 注
年龄结构	45~60岁	18	
	30~45岁	82	
	18~30岁	160	
职称结构	高级	38	
	中级	112	
	初级	110	

图 4-19 第 5 张幻灯片

7．制作第 6 张幻灯片

（1）新建一张幻灯片，在标题区中输入“职员学历变动情况”。

（2）选择“插入”选项卡，单击“插图”→“图表”按钮，弹出“插入图表”对话框，如图 4-20 所示。在对话框中选择“柱形图”→“三维簇状柱形图”，单击“确定”按钮。可看见在幻灯片中出现了一张柱形图表，并弹出一张 Excel 数据表，根据需要更改 Excel 数据表中的内容，如文字、数据等，如图 4-21 所示，最终达到所需的柱形图。

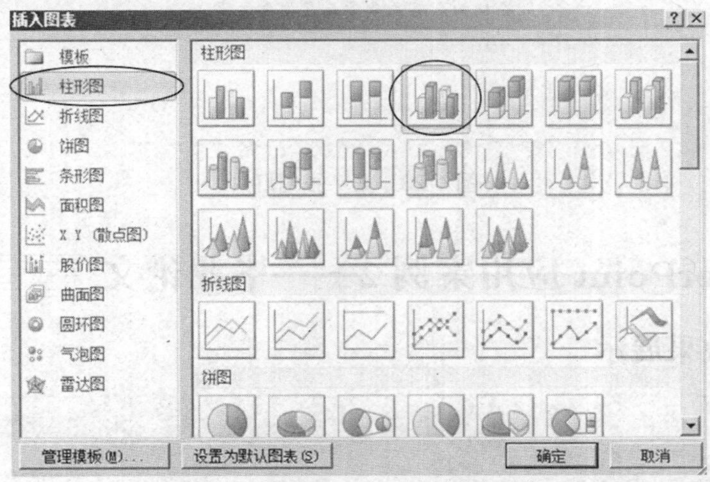

图 4-20　“插入图表”对话框

	A	B	C	D
1		博士	硕士	本科
2	2003年	2	8	42
3	2004年	5	17	53
4	2005年	10	31	74
5	2006年	18	62	150

图 4-21　与柱形图对应的数据表

（3）若需要更改图例项标示的颜色时，可以双击图例项进行更改颜色，如图 4-22 所示。

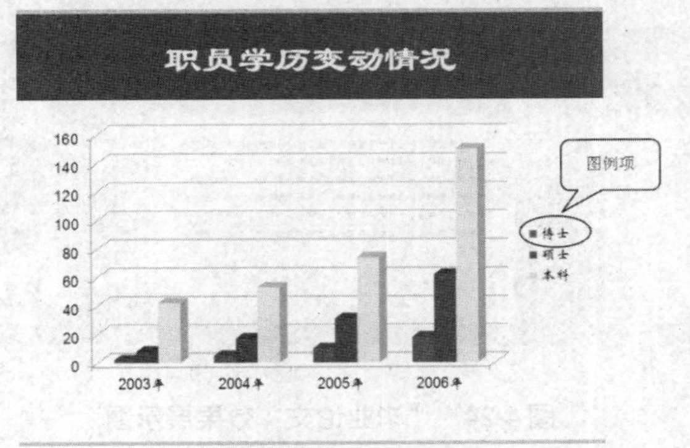

图 4-22　第 6 张幻灯片

8．制作第 7 张幻灯片

右键新建一张幻灯片，向其中输入相关的标题和内容文本，并调整好文字的大小、粗细等，如图 4-23 所示。这样就完成了“公司简介”幻灯片的制作。

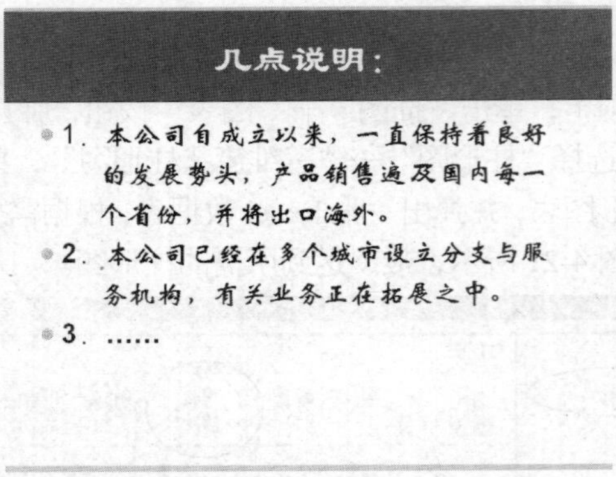

几点说明：

- 1. 本公司自成立以来，一直保持着良好的发展势头，产品销售遍及国内每一个省份，并将出口海外。
- 2. 本公司已经在多个城市设立分支与服务机构，有关业务正在拓展之中。
- 3. ……

图 4-23　第 7 张幻灯片

4.3　PowerPoint 应用案例 2——毕业论文

4.3.1　效果展示

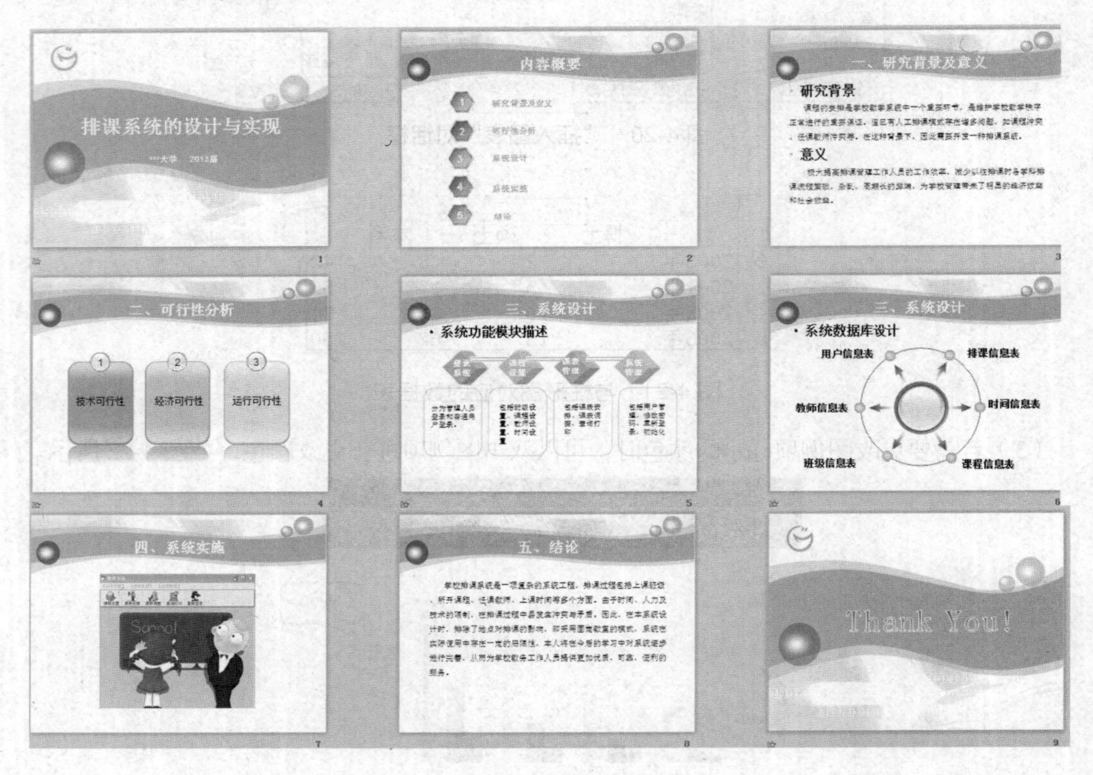

图 4-24　“毕业论文”效果展示图

4.3.2　实例描述

本实例要求完成以下内容。

（1）创建“毕业论文”幻灯片：毕业论文.pptx 。

（2）在“毕业论文.pptx”幻灯片中分别建立标题页、内容概要、研究背景及意义、可行性分析等9张幻灯片。

（3）制作“毕业论文.pptx”的幻灯片母版。

（4）设置幻灯片的切换效果。

（5）设置项目符号的样式、颜色等。

（6）图片、形状的插入和设置等。

4.3.3 实例指导

按下列步骤制作毕业论文的演示文稿。

1. 启动PowerPoint 2010，熟悉PowerPoint的工作界面

选择“文件”→“所有程序”→“Microsoft Office”→“Microsoft PowerPoint 2010”命令，启动PowerPoint，单击 “保存”按钮，将该文档以“毕业论文.pptx”为文件名保存在自己的文件夹中。

2. 制作幻灯片母版

（1）选择“视图”选项卡，单击“母版视图”→“幻灯片母版”，进入幻灯片的母版视图，如图4-25所示。

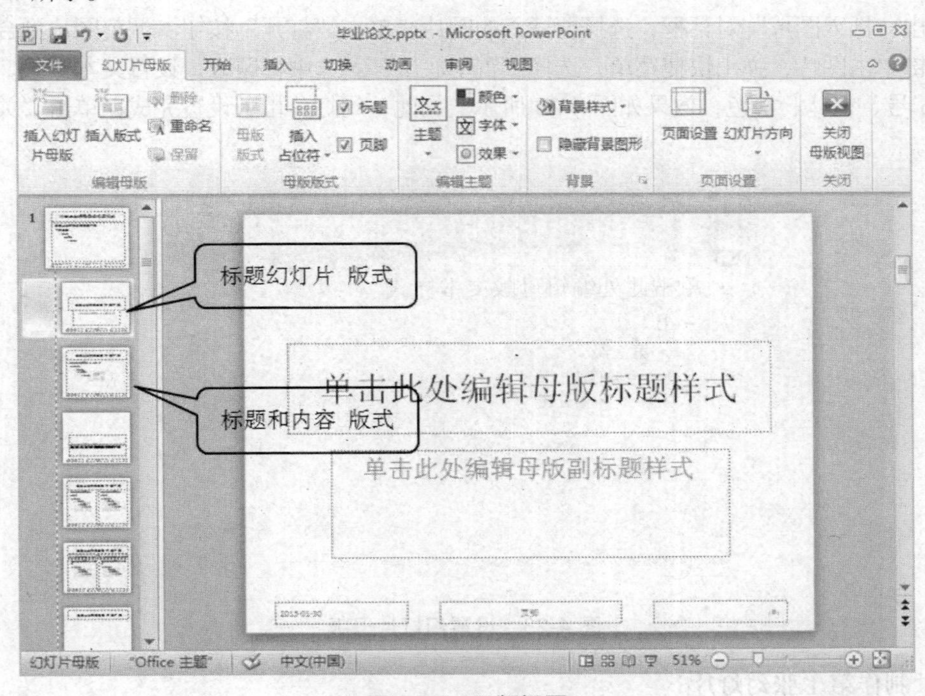

图4-25 母版视图

（2）右键单击第2张标题幻灯片版式，在弹出的快捷菜单中选择“设置背景格式”，弹出“设置背景格式”对话框，如图4-26所示。

（3）在对话框中，选择“图片或纹理填充”，并单击“文件”添加所需的背景图片。按【Delete】键删除其他不需要的编辑区，将标题样式设置为48号、粗体、白色，副标题样式设置为20号、粗体，颜色RGB数值：255，255，153，并调整好标题区和副标题区的位置，最终效果如图4-27所示。

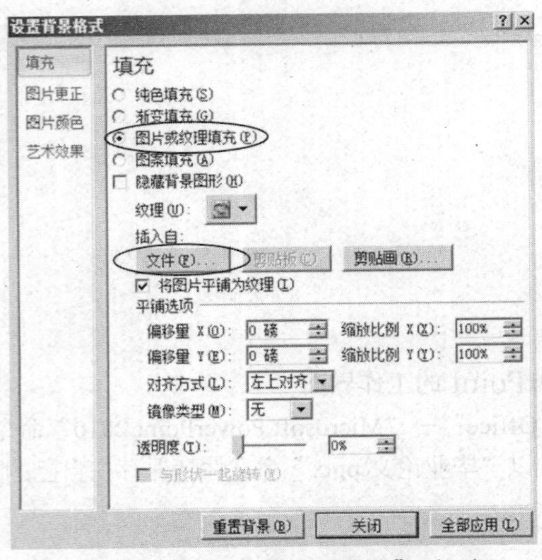

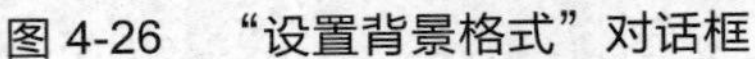

图 4-26 “设置背景格式”对话框

图 4-27 设置标题幻灯片母版

（4）在母版视图下，单击第 3 张标题和内容版式，选择“插入”→“图像”→“图片”按钮，弹出“插入图片”对话框，选择要插入的图片，单击“打开”按钮。调整图片到合适的位置，右键单击图片，弹出快捷菜单，选择“置于底层”。选中标题区，设置文本格式，字体大小为 36 号、粗体、白色，效果如图 4-28 所示。到此，幻灯片母版设置完成，单击“关闭母版视图”。

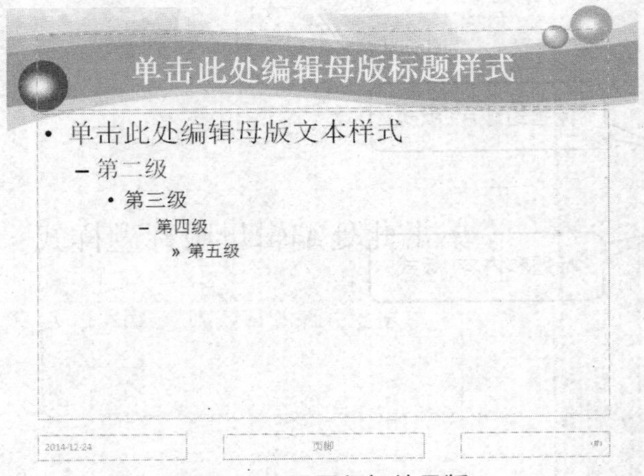

图 4-28 设置幻灯片母版

3. 制作第 1 张幻灯片

（1）在第 1 张幻灯片的标题区输入“排课系统的设计与实现”，在下面的副标题中输入“*** 大学 2013 届”，字体的大小和颜色在母版中已经设置好了，如图 4-29 所示。

（2）单击“切换”→“切换到此幻灯片”选项，从“其他”按钮中为第 1 张幻灯片设置切换效果，如图 4-30 所示，并设置声音、持续时间等，单击“预览”查看切换效果。

图 4-29 第 1 张幻灯片

图 4-30 设置幻灯片切换效果

4. 制作第 2 张幻灯片

（1）在“幻灯片/大纲”窗口中，按【回车】键或单击右键新建幻灯片。

（2）在幻灯片的标题区输入“内容概要”，按【Delete】键删除内容区，选择“插入”→“图像”→“图片”按钮，弹出“插入图片”对话框，选择要插入的图片，单击“打开”按钮，依次插入 5 个六边形图片，调整图片的位置。

（3）单击“插入”→“插图”→“形状”下三角按钮中的直线，按住左键不放在每个六边形图片的旁边绘制一条直线，右键单击直线，选择“设置形状格式”，对直线进行样式的设置。

（4）左手按住【Ctrl】键，右手点击鼠标选中图片和直线，单击右键，从菜单中选择“组合”，这样图片和直线就组合在一起了。重复以上步骤，实现图片和直线的多次组合。最后，在每张图片上添加编号。效果如图 4-31 所示。

（5）最后，在每条直线上输入相应的文本，设置文本的样式，如图 4-32 所示。

图 4-31 设置图片样式

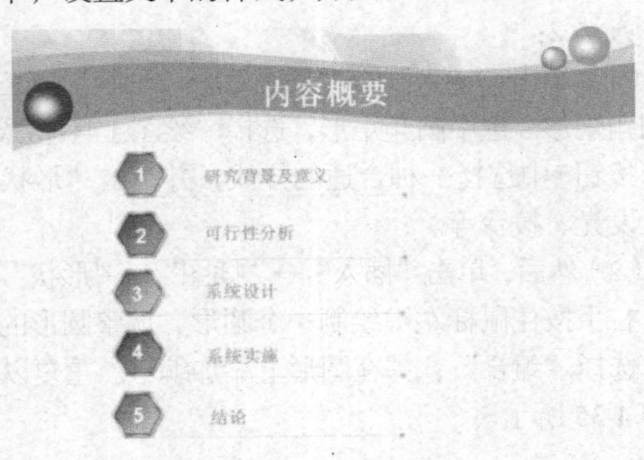

图 4-32 第 2 张幻灯片

5．制作第 3 张幻灯片

（1）在“幻灯片/大纲”窗口中，按回车键或单击右键新建幻灯片。

（2）在标题区输入“一、研究背景及意义”，在内容区输入所需文字，并设置文字的颜色等。

（3）选中内容区文字，如图 4-33 所示，单击右键弹出快捷菜单，在菜单中选择“项目符号”→“项目符号和编号”，弹出“项目符号和编号”对话框，根据需要在对话框中设置项目符号的样式及颜色，单击“确定”按钮。最终效果如图 4-34 所示。

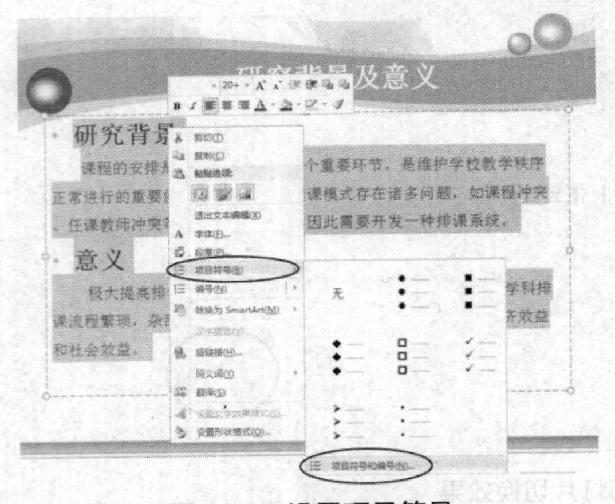

图 4-33　设置项目符号

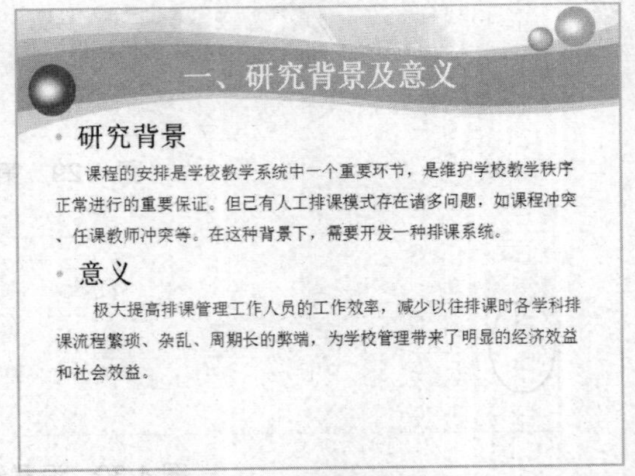

图 4-34　第 3 张幻灯片

6．制作第 4 张幻灯片

方法 1：选择“插入”→“图像”→“图片”按钮，弹出“插入图片”对话框，选择插入如图 4-35 所示的 3 张图片，单击“打开”按钮，在图片上和标题区分别输入文字。

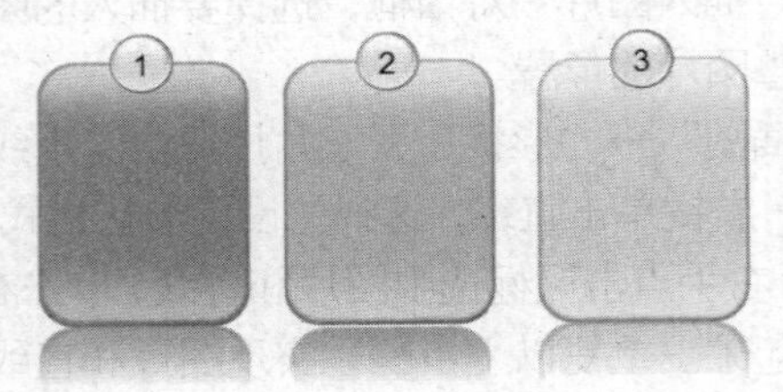

图 4-35　3 张图片

方法 2：

（1）单击“插入”→“插图”→“形状”下三角按钮中的圆角矩形，按下左键不放绘制一个圆角矩形。选中圆角矩形，选择“绘图工具/格式”→“形状样式”，如图 4-36 所示。从“其他”按钮中选择一种合适的样式，并单击“形状效果”下三角按钮，选择合适的效果，如映像、发光、棱台等。

（2）然后，单击“插入”→“插图”→“形状”下三角按钮中的椭圆工具，左手按下【Shift】键，右手按住鼠标左键绘制一个圆形，调整圆形的大小。选中圆角矩形和圆形，单击右键，从菜单选择“组合”，并在圆形上添加编号。重复以上步骤，完成 3 个组合图形的绘制，效果亦如图 4-35 所示。

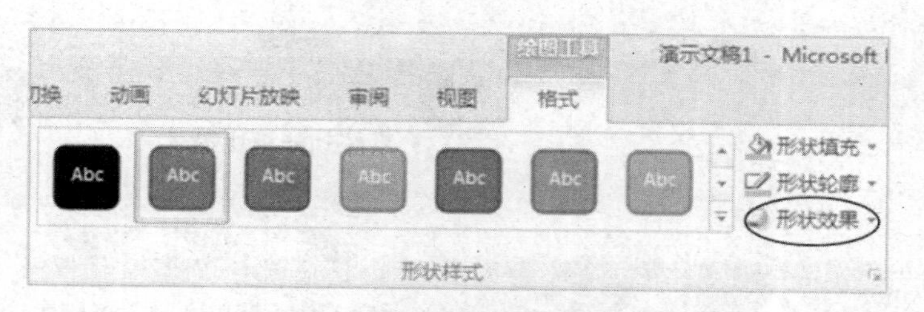

图 4-36　设置图形的形状样式

（3）在标题区输入“二、可行性分析”，在圆角矩形中输入文本，设置文本的样式，效果如图 4-37 所示。

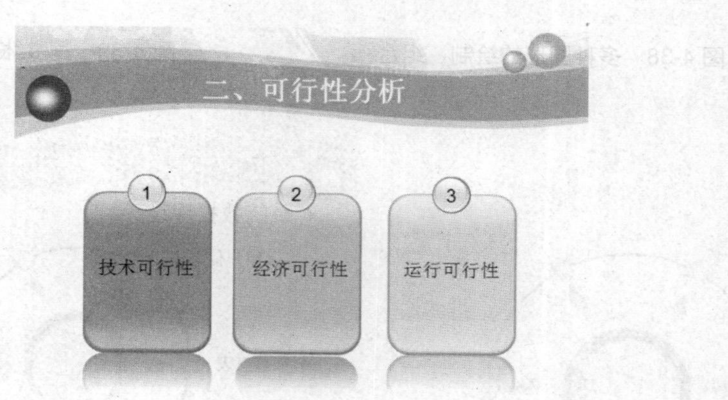

图 4-37　第 4 张幻灯片

7．制作第 5 张幻灯片

（1）新建 1 张幻灯片，在标题区输入“三、系统设计”，在内容区输入“系统功能模块描述”。

（2）在内容区，单击“插入”→“插图”→“形状”下三角按钮，选择立方体图形进行绘制，调整该立方体的大小及方向。右键单击该立方体，在弹出的快捷菜单中选择“设置形状格式”来设置立方体的颜色和线条。采用同样的方法绘制其余 3 个立方体图形。

（3）然后，绘制一个矩形，设置矩形的颜色，并将其放在两个立方体之间，单击右侧立方体，在弹出的快捷菜单中选择“置于顶层”，重复操作以绘制其余 2 个矩形。并在立方体下绘制 4 个圆角矩形，调整其大小，将该幻灯片中所有的圆角矩形、立方体及矩形选中进行组合，效果如图 4-38 所示。

（4）最后，在立方体和圆角矩形的相应位置输入内容，如图 4-39 所示。

8．制作第 6 张幻灯片

单击“插入”→“插图”→“形状”下三角按钮，分别选择椭圆、下箭头（或右箭头），调整图形大小、位置。通过选择“绘图工具/格式”→“形状样式”，设置已绘制图形的样式、形状效果、颜色等，并将所有图形进行组合，效果如图 4-40 所示。最后，在标题区和内容区输入所需文字，如图 4-41 所示。

图 4-38　多种图形的绘制、组合

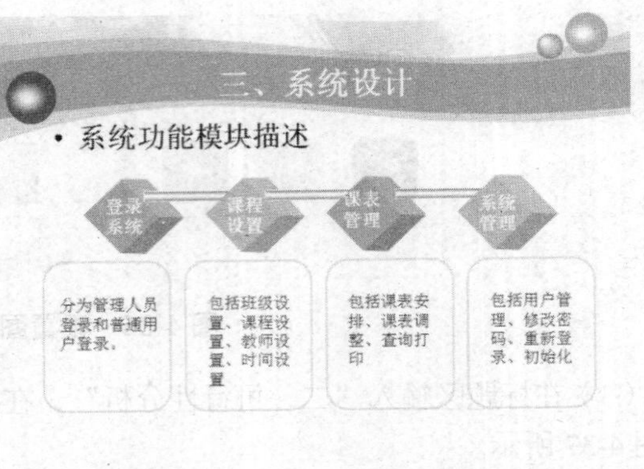

图 4-39　第 5 张幻灯片

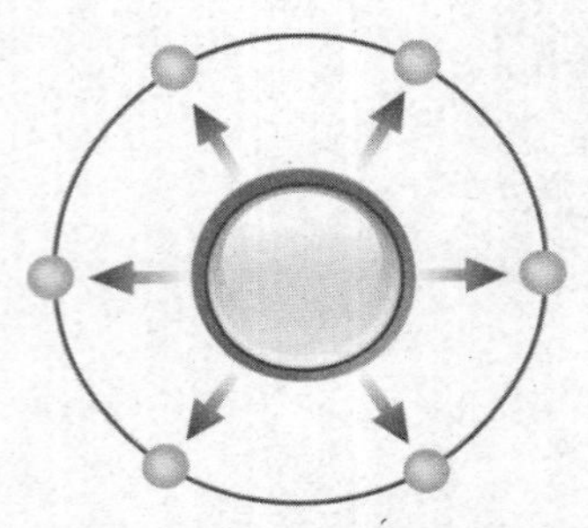

图 4-40　组合后的图形

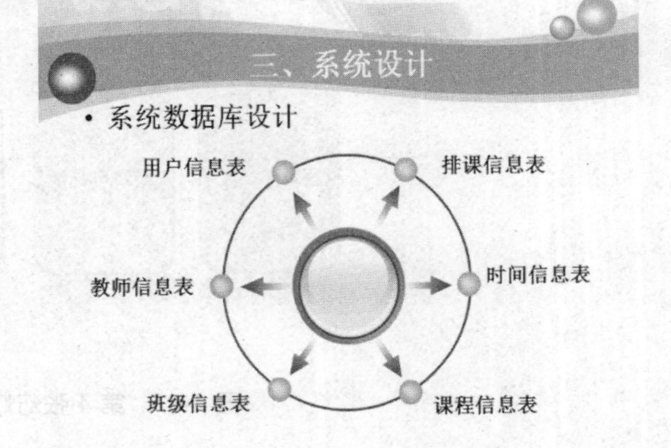

图 4-41　第 6 张幻灯片

9. 制作第 7 张幻灯片

在标题区输入“系统实施”，按【Delete】键删除内容区，并选择“插入”→“图像”→“图片”按钮，弹出“插入图片”对话框，选择要插入的图片，单击“打开”按钮。效果如图 4-42 所示。

图 4-42　第 7 张幻灯片

10．制作第 8 张幻灯片

在标题区和内容区分别输入如图 4-43 所示的内容。

学校排课系统是一项复杂的系统工程，排课过程包括上课班级、所开课程、任课教师、上课时间等多个方面。由于时间、人力及技术的限制，在排课过程中易发生冲突与矛盾。因此，在本系统设计时，排除了地点对排课的影响，即采用固定教室的模式，系统在实际使用中存在一定的局限性，本人将在今后的学习中对系统逐步进行完善，从而为学校教务工作人员提供更加优质、可靠、便利的服务。

图 4-43　第 8 张幻灯片

11．制作第 9 张幻灯片

（1）在第 8 张幻灯片的下方新建一张幻灯片，按【Delete】键删除幻灯片中其他不需要的编辑区。

（2）选择“插入”→“图像”→“图片”按钮，弹出“插入图片”对话框，选择要插入的图片，单击“打开”按钮，效果如图 4-44 所示。通过单击“插入”→“文本”→“艺术字”命令，插入如图 4-44 所示的艺术字。这样就完成了“毕业论文”幻灯片的制作。

图 4-44　第 9 张幻灯片

PART 5 第5章 电子表格实验操作实例

5.1 Excel 文档编辑和数据计算

5.1.1 要求

1. 掌握工作簿的新建、保存和打开操作。
2. 掌握单元格中各种数据的输入方法。
3. 掌握工作表的复制、移动、插入、删除和重命名等操作。
4. 掌握工作表的格式化方法。
5. 掌握公式和函数的使用。
6. 掌握自动填充的操作。
7. 掌握条件格式的设置。

5.1.2 实例描述

本实例要求完成以下内容。

（1）创建学生成绩.xlsx 工作簿并输入数据。

（2）插入行和列。

（3）对工作表进行重命名、复制等操作。

（4）自动填充数据。

（5）生成公式或函数，应用填充柄完成成绩的统计计算。

（6）工作表的格式化：包括字体的设置，列宽的设置，单元格格式的设置，边框和底纹的添加，条件格式的设置等。

5.1.3 实例指导

1. 启动 Excel 2010

方法一：单击“开始”按钮→“所有程序”→“Microsoft office”→“Microsoft Excel 2010”，即可启动 Excel 2010。

方法二：双击已有的 Excel 文件图标也可以启动 Excel 2010。

2. 新建工作簿

新建一个工作簿，在其中输入如图 5-1 所示的数据，将该文件以“学生成绩.xlsx”保存在自己的文件夹下。

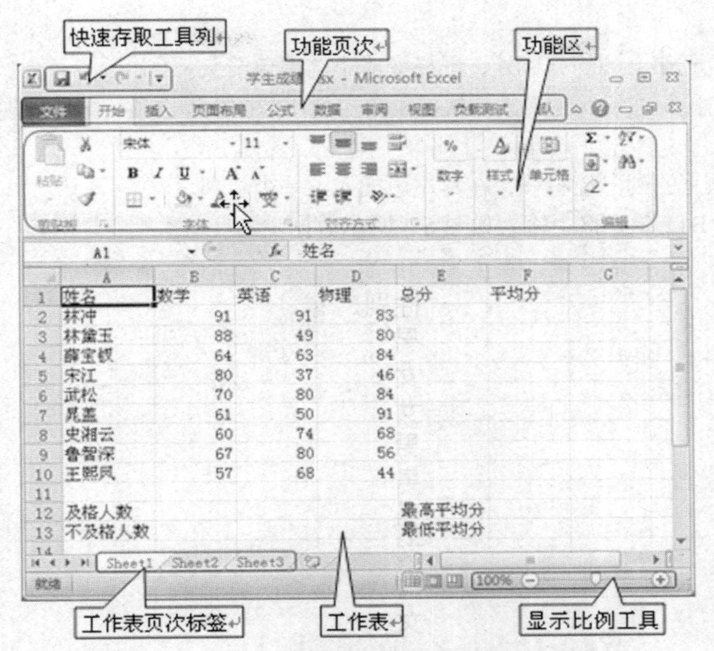

图 5-1　Excel 工作界面及学生成绩原始数据

3. 插入行和列

（1）插入行及合并居中。

①　将鼠标置于第一行的行标处，鼠标变成右向黑色箭头标签，如图 5-2a）所示，然后单击右键，在弹出的快捷菜单中选择“插入”，如图 5-2b）所示，即可完成在第一行前面插入一行的操作。

	A	B	C
1	姓名	数学	英语
2	林冲	91	91
3	林黛玉	88	49
4	薛宝钗	64	63
5	宋江	80	37

a）选中行标

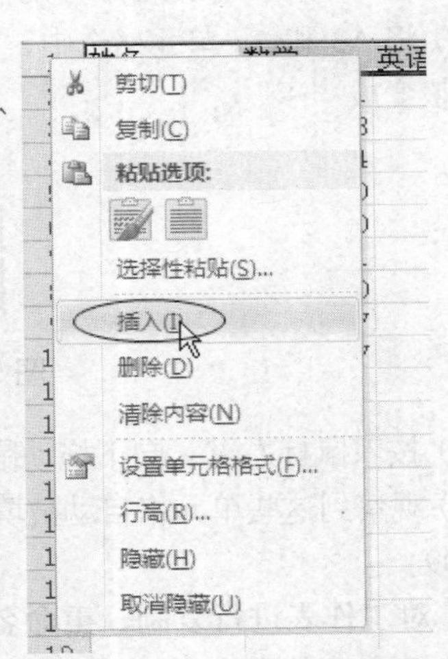

b）右击单元格后的快捷菜单

图 5-2　插入行

②　选中单元格 A1 至 H1，单击“开始”功能区的“合并后并居中”选项，然后在合并后的单元格中输入“学生成绩”。

（2）插入列。

① 将鼠标置于第二列的列标处，鼠标变成下向黑色箭头。

② 然后单击鼠标右键，在弹出的快捷菜单中选中“插入”选项，即可实现在第二列的左边插入一空列。

③ 观察到原来的列已经右移，在其左边插入了一个新列。

④ 在 B2 到 B11 单元格中输入如图 5-3 所示数据。

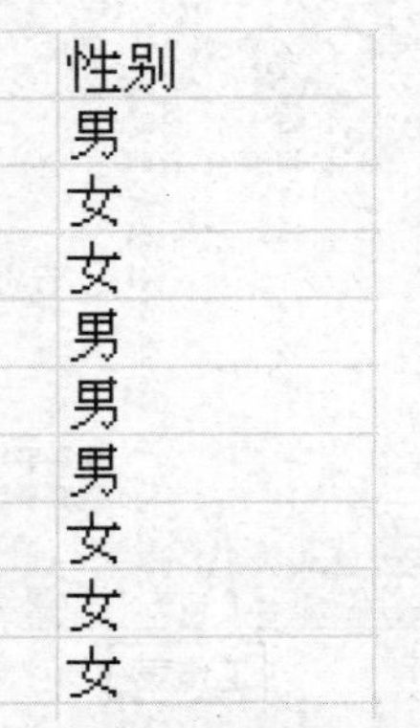

图 5-3　新增列中输入的数据

4．自动填充

（1）在“姓名”的左边插入一列。

（2）将第一行的两个单元格 A1、B1 合并居中。

（3）在 A2 单元格中输入“序号”。

（4）在 A3、A4 单元格中分别输入“’001”“’002”，注意单引号是英文状态下的。

（5）将 A3 和 A4 单元格选中，并使鼠标指向选中框右下角的填充柄，如图 5-4 所示，此时鼠标形状变成“+”。

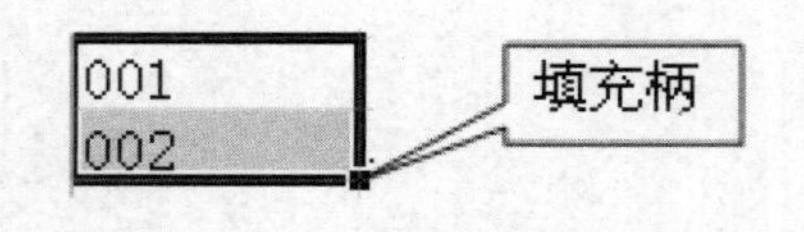

图 5-4　单元格右下角的填充柄

（6）按着鼠标左键，向下拖动鼠标到 A11 单元格。

（7）观察到这些单元格自动被填充上一个等差序列：001，002，003，004，005，006，007，008，009。

5．对工作表进行复制、重命名等操作

（1）工作表的重命名。

① 右击图 5-1 所示界面左下角的工作表页次标签中的“Sheet1”，将弹出如图 5-5a）所示的快捷菜单。

② 选择其中的“重命名”。

③ 观察到工作表名“Sheet1”被选中，输入“01 班成绩单”，工作表 Sheet1 已被改名。

（2）工作表的复制。

① 在工作表名“01 班成绩单”上右击鼠标，在弹出的快捷菜单中选择“移动或复制”选项。

② 在弹出的对话框中做出如图 5-5b）中所示的设置，最下方切记要勾选“建立副本”的选项。

③ 确定后，将观察到在 Sheet2 之前生成了一个内容和“01 班成绩单”工作表一样的名为“01 班成绩单（2）”的工作表。

④ 将其改名为“01 班成绩单备份”。

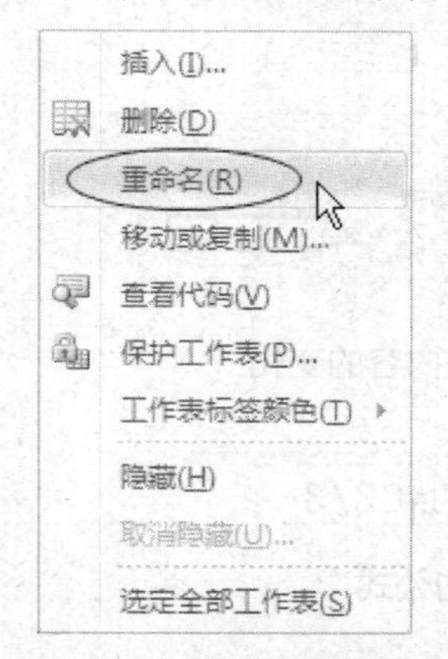

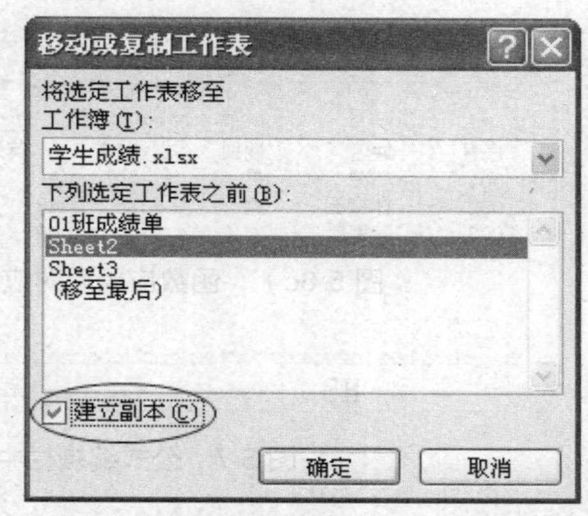

a) 右击工作表名的快捷菜单　　b) “移动或复制工作表”对话框

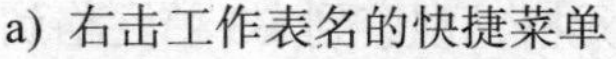

图 5-5　工作表的重命名、复制等操作

6. **公式及函数的生成**

（1）求总分（函数的应用）。

① 将 G3 置为活动单元格，单击公式编辑栏上的函数按钮，将弹出如图 5-6a）所示的对话框。在对话框的“常用函数”类别中选中 SUM 函数后单击“确定”按钮，进入到如图 5-6b）所示的“函数参数”对话框。

② 在标题为 Number1 的对话框中输入“D3:F3”，单击“确定”按钮。

③ 观察到当前工作表中 G3 单元格中和公式编辑栏里的变化如图 5-6c）所示。

④ 单击 G3 单元格右下角的填充柄，按住鼠标左键一直拖动到 G11 单元格，观察到 G3 单元格到 G11 单元格均被自动填充为相应行的成绩求和公式。

（2）求平均分（公式的编辑）。

① 将 H3 置为活动单元格，在单元格内输入公式“=G3/3”，按【回车】键。

② 观察到 H3 单元格内数值变为 83.33333，公式编辑栏中显示“=G3/3”，如图 5-7 所示。

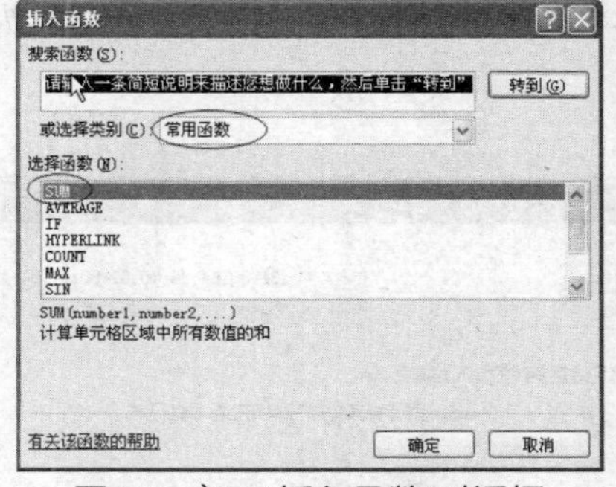

图 5-6a）　“插入函数”对话框

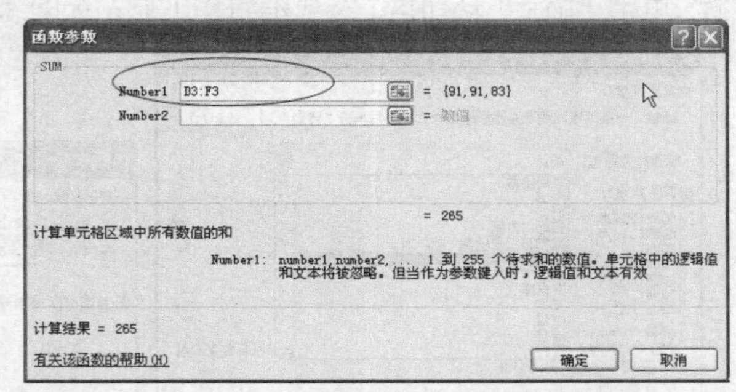

图 5-6b）　插入函数过程中参数的选择

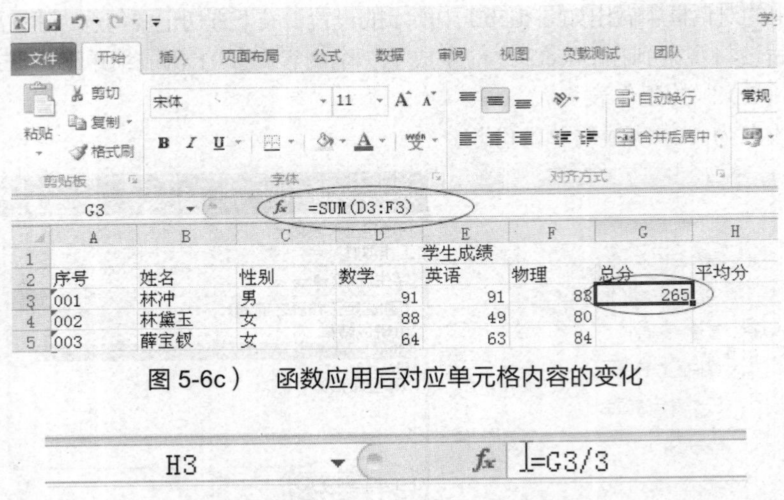

图 5-6c）　函数应用后对应单元格内容的变化

H3　　f_x　=G3/3

图 5-7　公式编辑栏中显示的公式

③　单击 H3 单元格右下角的填充柄，拖动到 H11 单元格，观察到 G3 单元格到 G11 单元格已经自动把公式填充为每位同学的平均分。

④　注意求出每位同学的平均分的方法还有以下几种。

设置 H3 为活动单元格后在公式编辑栏中或直接在 H3 中输入：=(D3+E3+F3)/3。

设置 H3 为活动单元格后在公式编辑栏中或直接在 H3 中输入：=AVERAGE(D3:F3)。

设置 H3 为活动单元格后在公式编辑栏中或直接在 H3 中输入：=SUM(D3:F3)/3。

（3）单科课程的及格人数和不及格人数。

① 将 D13 置为活动单元格，单击编辑栏上的插入函数按钮 f_x，将弹出如图 5-8a）所示的“插入函数”对话框。

② 单击该对话框中“或选择类别”框右侧的向下箭头，然后选择“统计”，如图 5-8a）所示。

③ 在“选择函数”对话框中选择 COUNTIF。

④ 确定后，将弹出图 5-8b）所示的“COUNTIF 函数参数”对话框，单击该对话框“Range”后的“拾取”按钮，如图 5-8b）标示圈中所示。

⑤ 选中 D3:D11 单元格后，返回到“COUNTIF 函数参数”对话框。

⑥ 在图 5-8b）所示的“COUNTIF 函数参数”对话框的“Criteria”后的文本框中输入“>=60”。

⑦ 单击“确定”按钮后，公式编辑栏上显示如图 5-8c）所示，D13 单元格的数值显示为 8。

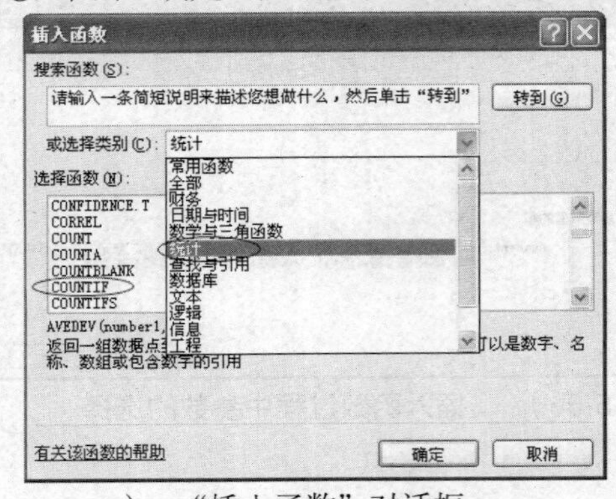

a）　“插入函数”对话框

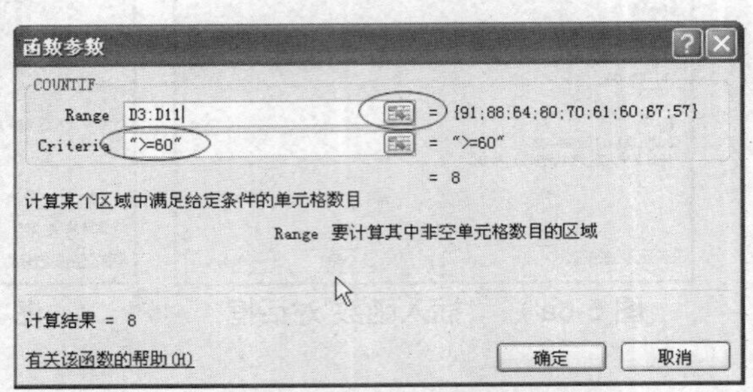

b）　“COUNTIF 函数参数”对话框

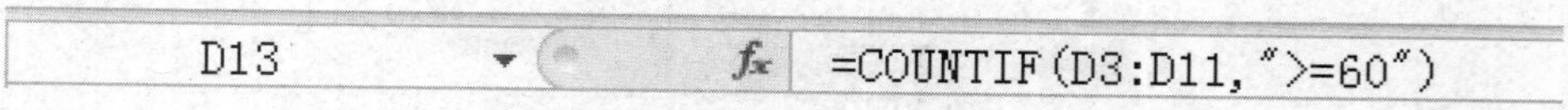

D13	f_x	=COUNTIF(D3:D11,">=60")

c） 公式编辑栏上显示 D13 的公式

图 5-8 插入公式

同理，将 D14 单元格置为活动单元格，仍然选中“统计函数”中的“COUNTIF”函数，把统计数据范围同样拾取为“D3:D11”。

⑧ 在 D14 单元格内，将类似于图 5-8b）所示的“>=60”改为“<60”，确定后，不及格人数将为 1 人。

⑨ 其他课程的及格人数和不及格人数。

a. 将 D13 单元格的函数公式向右填充至 F13。

b. 将 D14 单元格的函数公式向右填充至 F14。

⑩ 最高平均分和最低平均分。

方法一：

① 将 H13 置为活动单元格。

② 单击编辑栏上的插入函数按钮 f_x 选择如图 5-6a)所示的“常用函数”中的 MAX 函数。

③ 单击“MAX 函数参数”对话框的“Number1”后的“拾取”按钮。

④ 选择 H3:H11 区域后，按【F4】，返回后“MAX 函数参数”对话框“Number1”后的文本框中将显示相对区域 H3:H11。

⑤ 确定后，H13 中将显示“88.33333”。

⑥ 将 H14 置为活动单元格。

⑦ 同理，单击编辑栏上的插入函数按钮 f_x 选择如图 5-6a）所示的“常用函数”中的 MIN 函数。

⑧ 单击“MIN 函数参数”对话框的“Number1”后的“拾取”按钮。

⑨ 选择 H3:H11 区域后，按【F4】，返回后“MIN 函数参数”对话框“Number1”后的文本框中将显示相对区域 H3:H11。

⑩ 确定后，H14 中将显示“54.33333”。

方法二：

① 连续选中单元格 H3 到 H13。

② 在“开始”功能区里单击“自动求和”功能右边的下拉三角，如图 5-9 所示，在弹出的快捷菜单中选中“最大值”选项。

③ 观察到在 H13 单元格中也显示 88.33333 的最大值结果。

④ 连续选中单元格 H3 到 H14。

⑤ 在“开始”功能区里单击“自动求和”功能右边的下拉三角，如图 5-9 所示，在弹出的快捷菜单中选中“最小值”选项。

⑥ 观察到在 H14 单元格中也显示了 54.33333 的最小值。

⑦ 单击格式工具栏上的字体、字号、加粗，进行相应的设置即可。

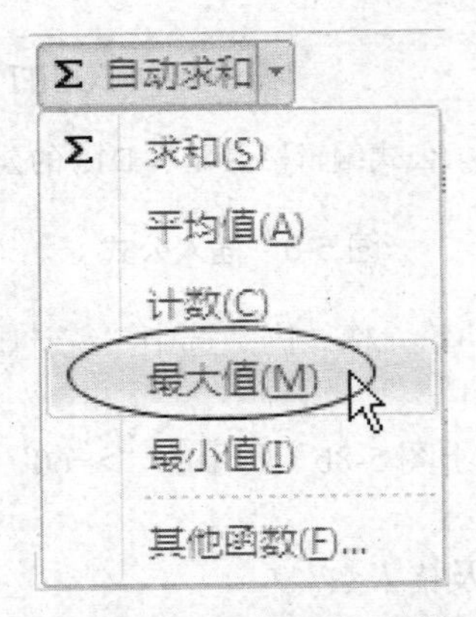

图 5-9　开始功能区中的自动求值菜单

7．工作表的格式化

（1）将工作表标题“学生成绩”设为华文楷体、26 号、加粗、标准绿色。

① 将“学生成绩”所在单元格置为活动单元格。

② 单击“开始”功能区里字体、字号、颜色、加粗等相应选项做出对应的参数设置，如图 5-10 所示。观察 “学生成绩”的样式变化。

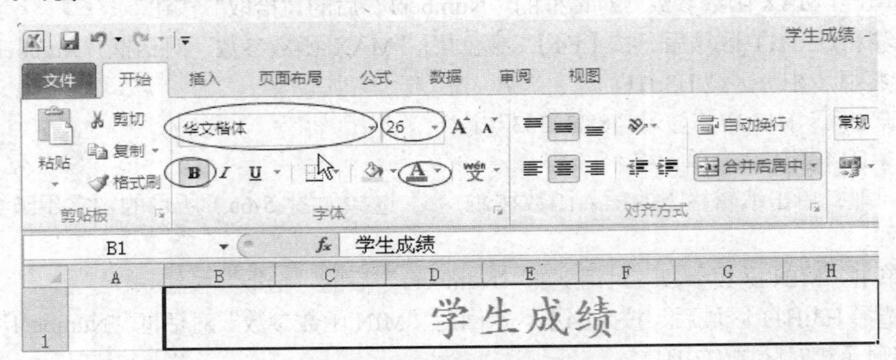

图 5-10　标题字体设置效果

（2）将第 2 行小标题设为标准红色、加粗、居中。

① 连续选中单元格 A2 至 H2 或直接选中第二行。

② 在“开始”功能区的颜色、加粗、居中等快捷选项上做如图 5-11 所示的设置。

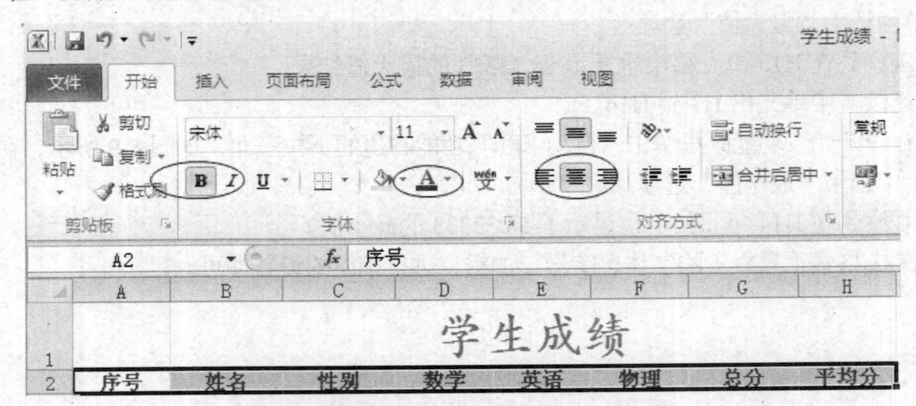

图 5-11　第一行标题字体设置后的变化

③ 观察第二行小标题的变化，如图 5-11 所示。

（3）将 A 列至 H 列列宽分别设置为 6、12、6、6、6、6、12、12。

① 在 A 列的任何一个位置单击鼠标右键，在弹出的快捷菜单中选择“列宽”选项，如图 5-12a）所示。

② 如图 5-12b）所示，在弹出的对话框中输入 6。

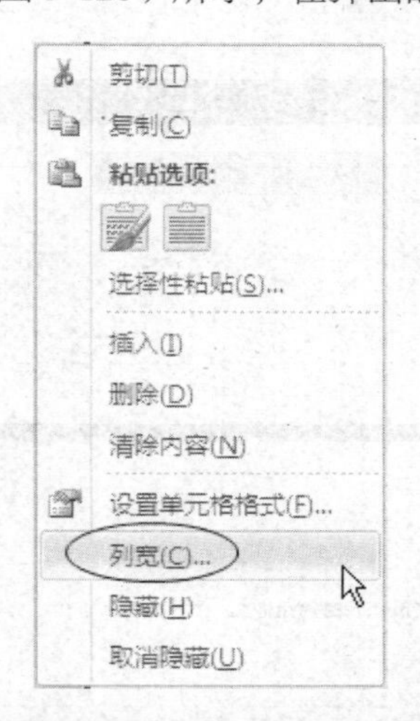

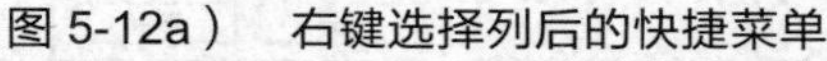

图 5-12a） 右键选择列后的快捷菜单　　图 5-12b）“列宽”对话框

③ 观察 A 列的列宽变化。

④ 同理，B 列至 H 列的列宽设置方法可以类同 A 列列宽的设置方法。

⑤ 选中单元格 A1 至单元格 H14，然后单击“开始”功能区中的“居中”快捷工具，选中区域内单元格中的内容全部居中对齐，如图 5-13 所示。

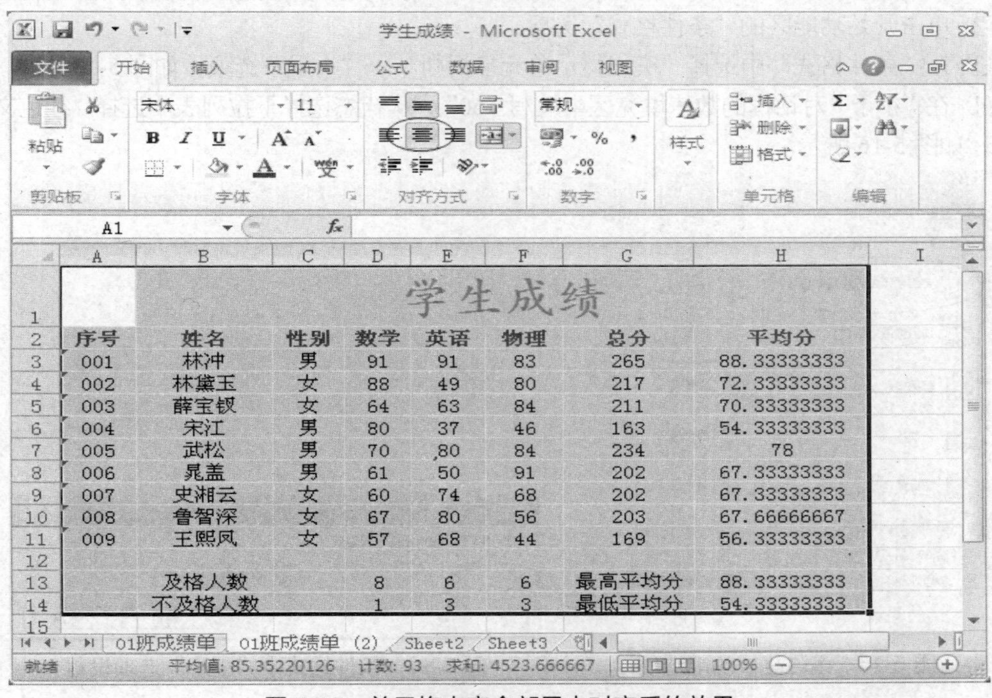

序号	姓名	性别	数学	英语	物理	总分	平均分
001	林冲	男	91	91	83	265	88.33333333
002	林黛玉	女	88	49	80	217	72.33333333
003	薛宝钗	女	64	63	84	211	70.33333333
004	宋江	男	80	37	46	163	54.33333333
005	武松	男	70	80	84	234	78
006	晁盖	男	61	50	91	202	67.33333333
007	史湘云	女	60	74	68	202	67.33333333
008	鲁智深	女	67	80	56	203	67.66666667
009	王熙凤	女	57	68	44	169	56.33333333
	及格人数		8	6	6	最高平均分	88.33333333
	不及格人数		1	3	3	最低平均分	54.33333333

图 5-13 单元格内容全部居中对齐后的效果

（4）设置单元格的数值格式。

① 选择 H3:H14 区域。

② 单击鼠标右键，在弹出的图 5-14a）所示的快捷菜单中选择“设置单元格格式”。

③ 在弹出的“设置单元格格式”对话框中选择“数字”选项卡，选择“数值”分类，将右边的小数位数设置为“0”，如图 5-14b）所示。

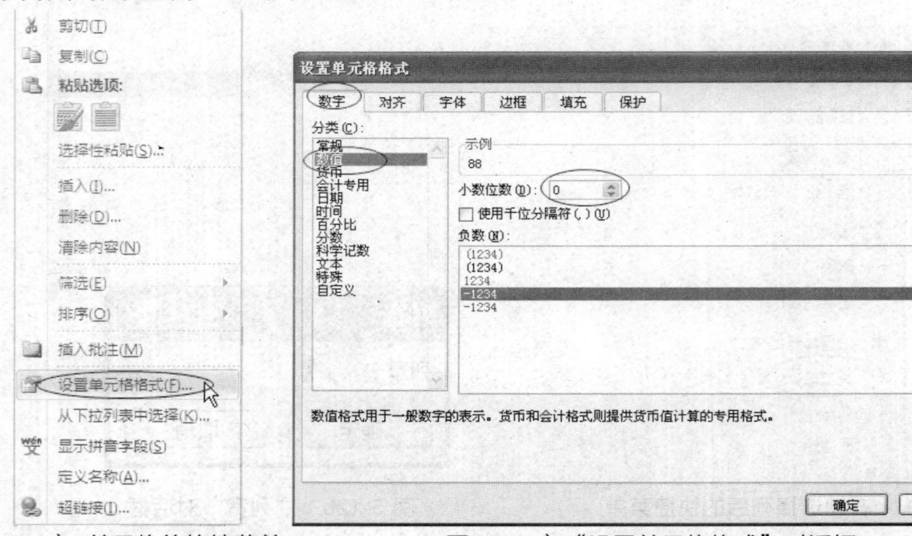

图 5-14a） 单元格的快捷菜单　　图 5-14b）“设置单元格格式”对话框

④ 确定后，观察到 H 列的数字均变成了整数。

（5）条件格式的设置。

① 选择 D3:F11 区域。

② 单击开始功能区的“条件格式”选项。

③ 在“条件格式”中选择“突出显示单元格规则”→“小于”选项，如图 5-15 所示。

④ 在“小于”对话框的数值填充区中填写“60”，从状态选择下拉列表中选择“红色文本”选项，如图 5-16 所示。

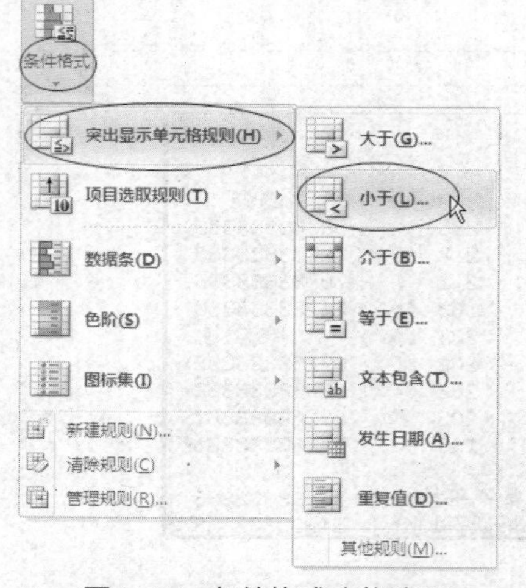

图 5-15 条件格式功能选项　　图 5-16 条件格式中“小于”选项设置

⑤ 确定后，观察到 D3:F11 单元格中所有不及格的分数均以红色显示。

（6）添加底纹。

① 选择 B13:B14 区域。

② 按住【Ctrl】键，再选择 G13:G14 区域。这样，一共选择了 4 个单元格。

③ 在选中的任一单元格内单击鼠标右键，在弹出的快捷菜单中选择“单元格格式”选项。

④ 在打开的“单元格格式”对话框中，选择“填充”选项卡，在此选项卡的“图案颜色”选项中做出如图 5-17a）的选择，在“图案样式”选项中做出如图 5-17b）的选择。

⑤ 确定后，观察这 4 个单元格的底纹变化。

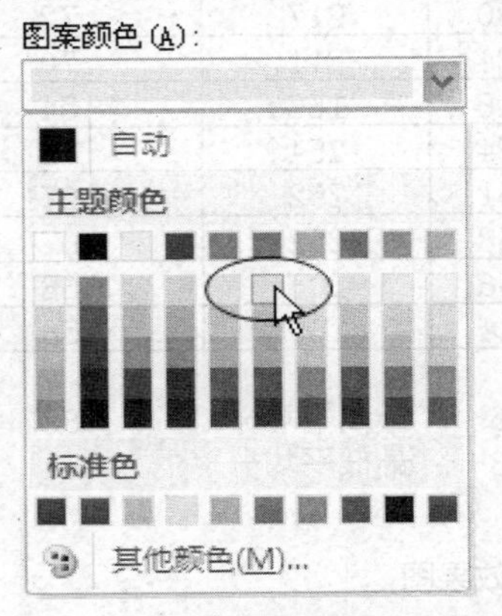

图 5-17a）填充图案颜色选择

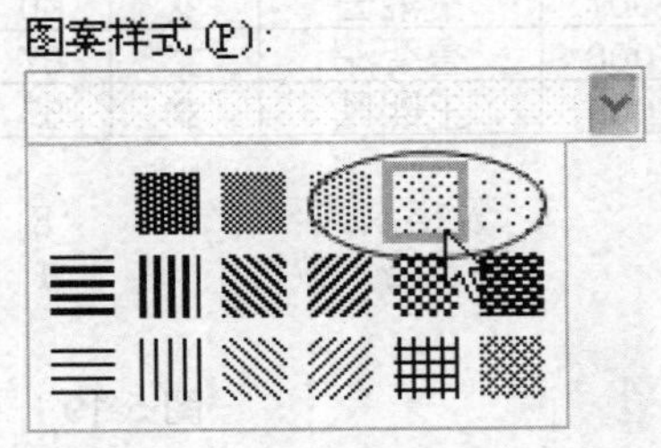

图 5-17b）填充图案样式选择

（7）添加边框。

① 选择 A2:H11 区域。

② 单击鼠标右键，在弹出的快捷菜单中选择“设置单元格格式”。

③ 在弹出的“设置单元格格式”对话框中选择“边框”选项卡。

④ 如图 5-18 所示，在“预置”分类里单击“外边框”和“内部”选项，则“边框”分类里显示每个单元格四周都有实线边框的效果。

⑤ 单击“确定”，观察工作表中单元格边框变化。

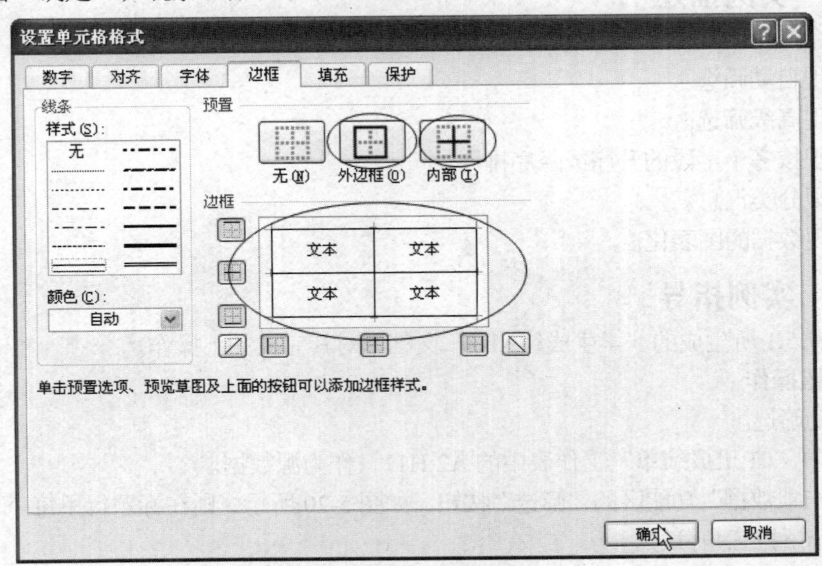

图 5-18 边框设置选项

（8）最终设计效果图。

完成以上步骤设置后，“学生成绩.xlsx”文档的效果图如图 5-19 所示。

	A	B	C	D	E	F	G	H
1	学生成绩							
2	序号	姓名	性别	数学	英语	物理	总分	平均分
3	001	林冲	男	91	91	83	265	88
4	002	林黛玉	女	88	49	80	217	72
5	003	薛宝钗	女	64	63	84	211	70
6	004	宋江	男	80	37	46	163	54
7	005	武松	男	70	80	84	234	78
8	006	晁盖	男	61	50	91	202	67
9	007	史湘云	女	60	74	68	202	67
10	008	鲁智深	女	67	80	56	203	68
11	009	王熙凤	女	57	68	44	169	56
12								
13		及格人数		8	6	6	最高平均分	88
14		不及格人数		1	3	3	最低平均分	54
15								

图 5-19 “学生成绩”效果图

5.2 Excel 数据分析与图表创建

5.2.1 要求

1. 掌握数据的各种操作，包括排序、筛选、分类汇总等。
2. 熟练掌握图表的创建、编辑和格式化。
3. 掌握修改图表格式的操作。

5.2.2 实例描述

在前一个实例的基础上，完成以下操作。

（1）实现自动筛选。

（2）实现高级筛选。

（3）实现按多个字段的升序或降序排列。

（4）实现分类汇总。

（5）实现数据的图表化。

5.2.3 实例指导

打开实例 5.1 所生成的“学生成绩.xlxs”文档，对其完成如下操作。

1. 筛选操作

（1）自动筛选。

① 选中“01 班成绩单”工作表中的 A2:H11，作为源数据。

② 单击“数据”功能区的“筛选”按钮，如图 5-20 所示，则在标题行里每个单元格的右边均显示一个下拉三角符号。

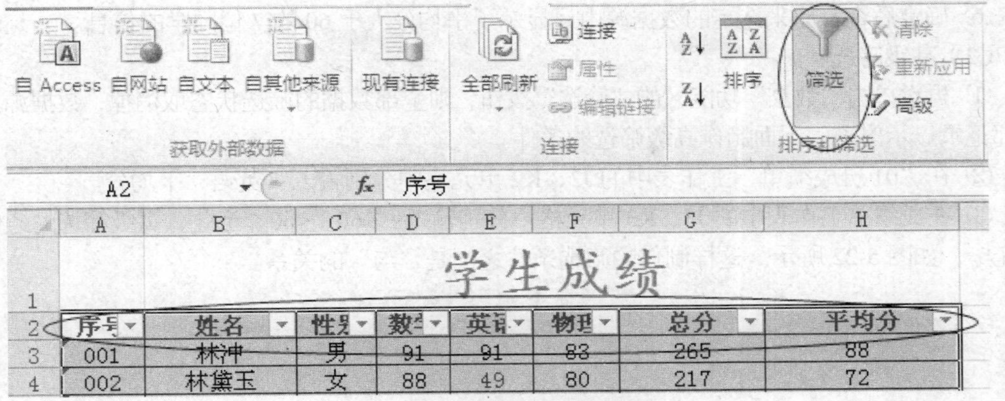

图 5-20　自动筛选设置效果

③ 单击“平均分”标题右边的向下箭头。

④ 在弹出的级联菜单中选中“数字筛选” →“大于”选项，如图 5-21a）所示。

⑤ 在弹出的“自定义自动筛选方式”对话框中的“大于”之后的选项框中输入“60”，如图 5-21b）所示。

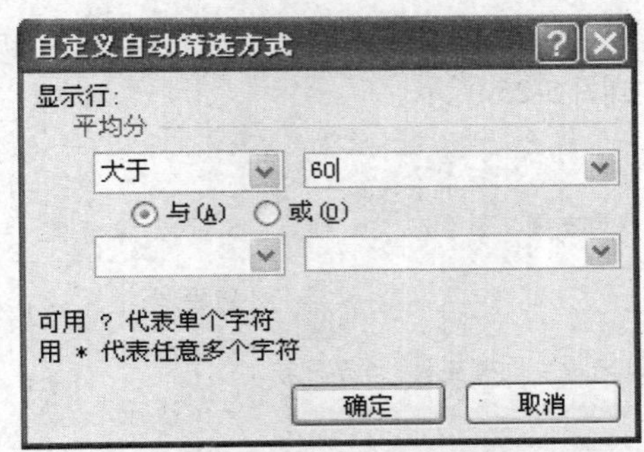

图 5-21a）　自动筛选平均分大于 60 的学生信息选择步骤

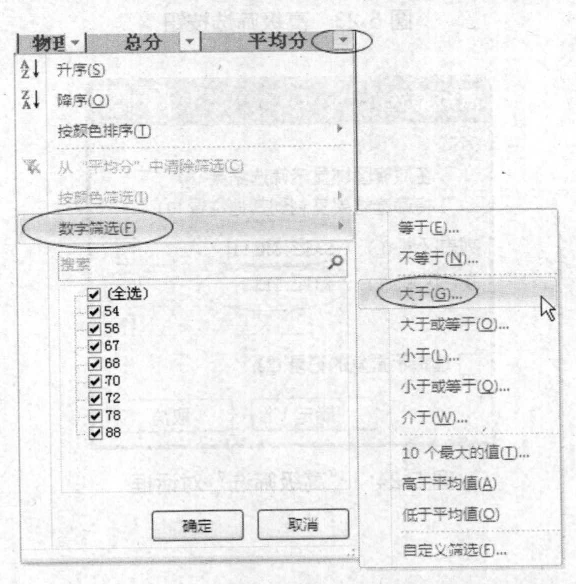

图 5-21b）　“自定义自动筛选”中的筛选条件输入

⑥ 确定后查看原来选定的数据源中只显示了平均分大于 60 的 7 位同学的信息。

（2）高级筛选。

① 再次单击“数据”功能区的“筛选”按钮，则全部数据的筛选状态取消掉，数据源上的全部记录显示出来。下面制作高级筛选的条件。

② 在“01 班成绩单”工作表中的 J2、K2 单元格中分别输入：英语、平均分。

③ 在成绩单工作表中的 J3、K3 单元格中分别输入：<60、<60。至此，高级筛选的条件制作完毕，如图 5-22 所示。这样制作的筛选条件之间是“与”的关系。

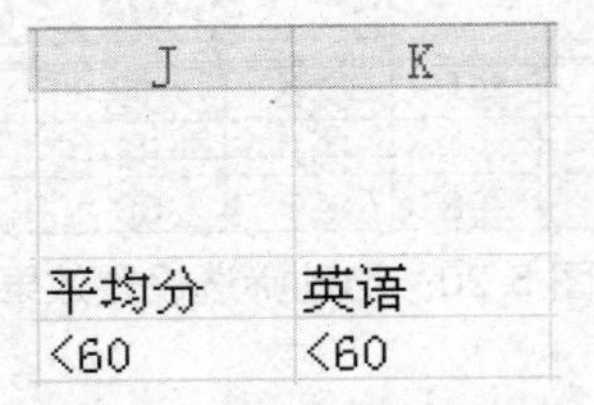

J	K
平均分	英语
<60	<60

图 5-22　高级筛选条件的制作

④　单击“数据”功能区的“高级”按钮，如图 5-23 所示，打开“高级筛选”对话框，如图 5-24 所示。单击列表区域右边的“拾取”按钮，选中 A2:H11 单元格；单击条件区域右边的“拾取”按钮，选中 J2:K3 单元格。

⑤　单击“确定”，发现在原来的数据清单上，只有满足英语成绩不及格，而且平均分也不及格的一个同学的信息，如图 5-25 所示。

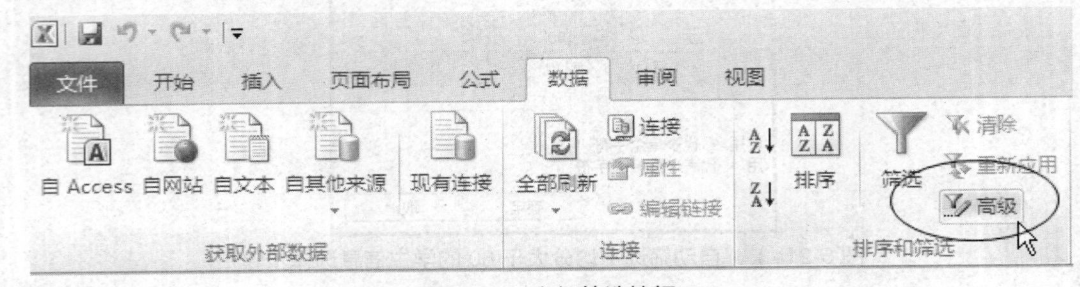

图 5-23　高级筛选按钮

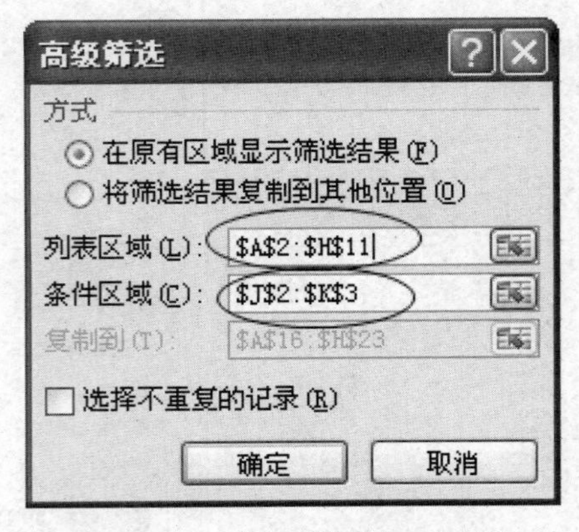

图 5-24　“高级筛选”对话框

A	B	C	D	E	F	G	H
学生成绩							
序号	姓名	性别	数学	英语	物理	总分	平均分
004	宋江	男	80	37	46	163	54
	及格人数		8	6	6	最高平均分	88
	不及格人数		1	3	3	最低平均分	54

图 5-25　筛选之后的数据清单

⑥ 将这条英语和平均分都不及格的同学的信息复制到“Sheet2”中，并把其重命名为“英语与平均分都不及格的同学信息”。

⑦ 单击“数据”功能区的“清除”选项，观察数据清单的变化。

2．排序

（1）按单关键字排序。

将“01 班成绩单”工作表中的数据清单按“平均分”降序排列。

① 激活“01 班成绩单”工作表的数据清单“平均分”列任一单元格。

② 单击“数据”功能区的降序排列快捷图标，如图 5-26 所示。

③ 观察发现，数据清单中已经按照“平均分”降序的顺序将同学的信息重新排列了。

（2）按多关键字排序。

将“01 班成绩单”工作表中的数据清单按“性别”升序、“总分”降序排列。

① 将鼠标定位在数据清单的任一个单元格上，单击“数据”功能区的自定义排序快捷按钮，如图 5-27 所示。

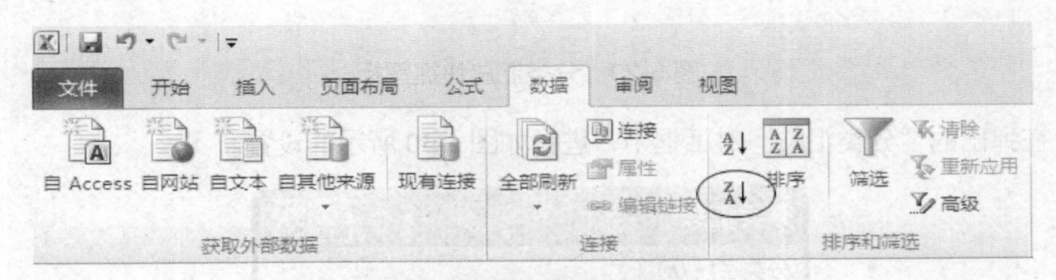

图 5-26　降序快捷按钮

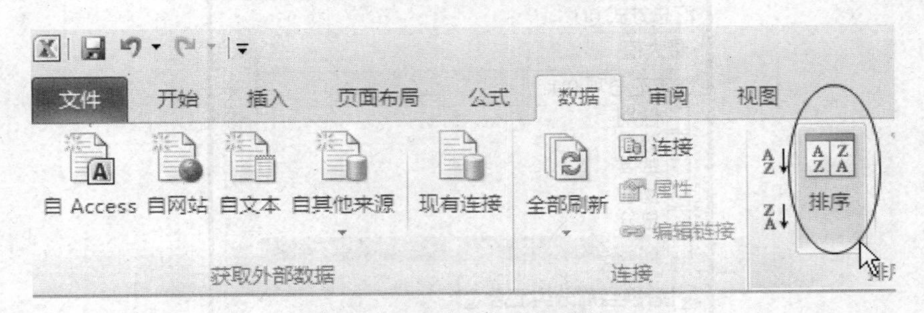

图 5-27　自定义排序按钮

② 打开如图 5-28 所示的“排序”对话框。在其中设置主要关键字是“性别”，按照“数值”升序排列，再单击“添加条件”按钮，设置此关键字是“总分”，并且按照“数值”降序排列。

③ 确定后观察数据清单中数据的变化。

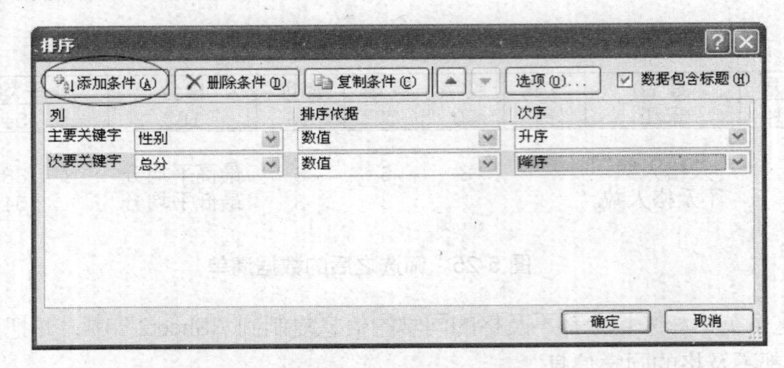

图 5-28 “排序”对话框

3. 分类汇总

将“01 班成绩单”工作表的数据清单按“性别”分类汇总，显示各门课程的最高分。

① 先将“01 班成绩单”工作表的数据按“性别”排序，可以是升序或降序；如接上题继续操作，则已经完成了按照性别排序。

② 单击数据清单中的任一单元格，选中“数据”功能区的分类汇总快捷按钮，如图 5-29 所示。

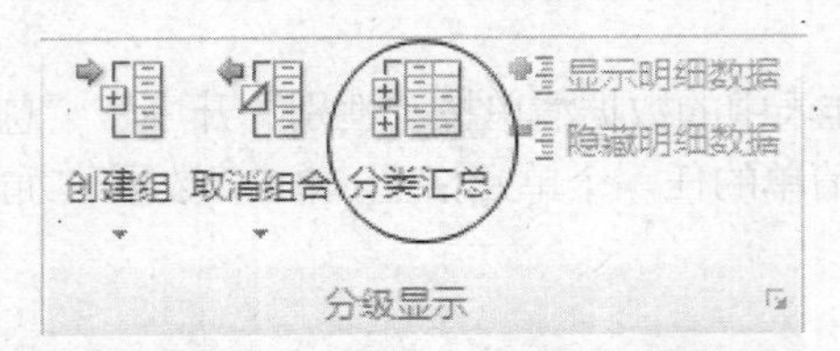

图 5-29 分类汇总快捷图标

③ 在弹出的“分类汇总”对话框中，进行如图 5-30 所示的设置。

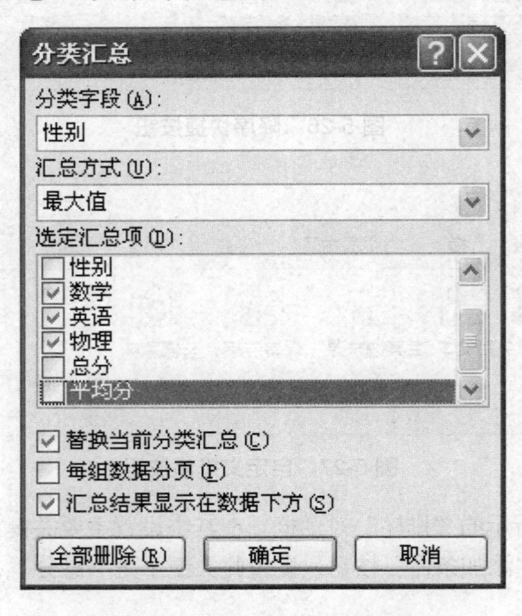

图 5-30 分类汇总详细设置

④ 确定后，观察数据清单的变化。

⑤ 若要修改，则可单击图 5-30 中左下角的“全部删除”按钮，则“01 班成绩单”中的分类汇总全部删除，数据清单还原。

4. 图表的制作

（1）选中“01 班成绩单备份”工作表。

（2）设计每个同学每门课程的二维堆积柱形图，操作步骤如下。

① 选中 B2:H11 单元格，按住【Ctrl】键，再选中 D2:F11 单元格。

② 观察到两个不连续的区域 B2:B11 和 D2:F11 被选中。

③ 单击“插入”功能区里的“柱形图”快捷菜单下的“堆积柱形图”选项，如图 5-31 所示。

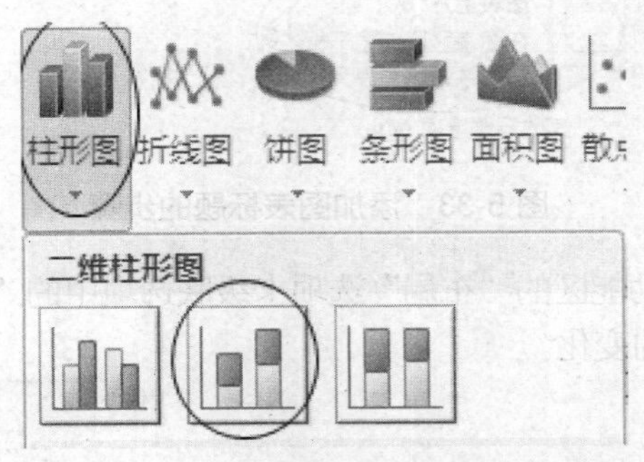

图 5-31 “堆积柱形图”图表选项

确定后观察产生了一个系列在列的图表，如图 5-32 所示。

④ 由于默认系列均是产生在列的，所以如果要产生系列在行的图表就要进行进一步的选择。

⑤ 添加图表后，在“图表工具”功能区的“布局”选项卡里级联选中“图表标题”→“图表上方”，如图 5-33 所示。可以观察到在已添加图表的上方出现一个文本框，把文本框里默认的“图表标题”改为“学生各科成绩对比表”。

⑥ 在“图表工具”功能区的“布局”选项卡里级联选中“坐标轴标题”→“主要横坐标轴标题”→“坐标轴下方标题”，如图 5-34 所示。观察到在横坐标轴下方出现“坐标轴标题”，将之改为“姓名”。

⑦ 同理，将纵坐标轴标题改为“分数”。

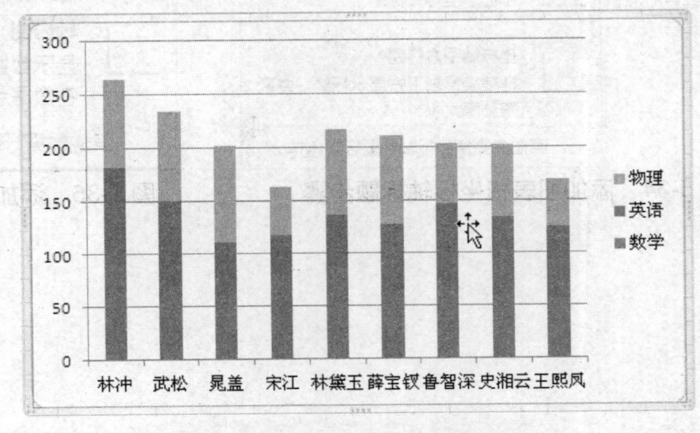

图 5-32 系列产生在列的图表

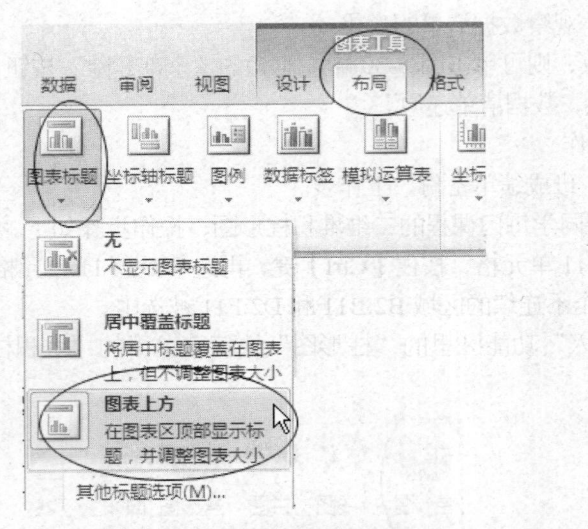

图 5-33　添加图表标题的步骤

⑧ 单击“图表工具”功能区的“布局”选项卡级联选项中的“数据标签”→“居中”，如图 5-35 所示。观察图表中的变化。

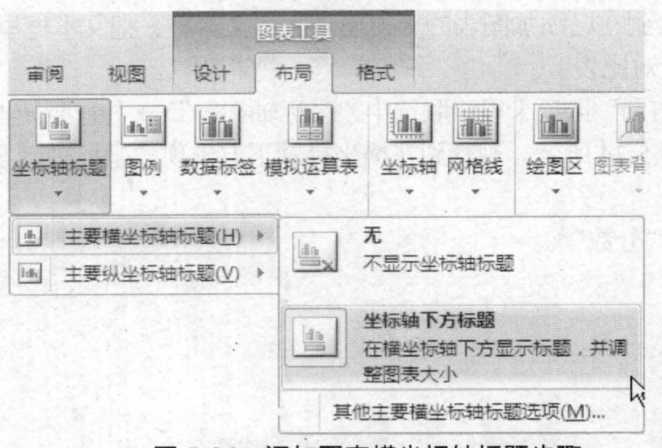

图 5-34　添加图表横坐标轴标题步骤

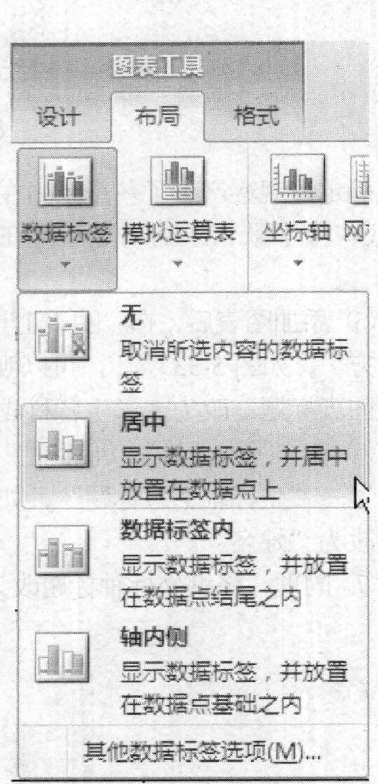

图 5-35　添加数据标签步骤

PART 6

第 6 章 数据库技术操作实例

6.1 要求

1. 掌握 Access 2010 的启动与退出方法。
2. 掌握创建 Access 2010 数据库的方法。
3. 掌握创建数据表的各种方法，重点掌握用设计视图创建表的方法。
4. 掌握 Access 2010 数据表数据的输入和修改的方法。
5. 掌握创建和修改 Access 2010 数据表结构的方法。
6. 掌握创建主键和 Access 2010 数据表之间关系的方法。

6.2 Access 数据库和数据表的建立

6.2.1 实例描述

本实例要求完成以下内容。

（1）创建数据库：教学管理.accdb。

（2）在教学管理.accdb 数据库中分别建立数据表：教师表、学生表、课程表和选课成绩表。

（3）表的维护。

（4）表中数据的添加、显示、编辑、插入与删除。

（5）表间关系的建立与修改。

6.2.2 实例指导

1. 准备工作

在 E:\（或指定的其他盘符下）新建一个名为“实验一”的文件夹，以下操作建立的文件都保存在此文件夹中。

2. 启动 Access 2010

单击“开始”按钮→“所有程序”→“Microsoft Office”→“Microsoft Access 2010”，启动 Access 2010。

3. 建立数据库

要求：建立“教学管理.accdb”数据库，并将建好的数据库文件保存在“E:\实验一”文件夹中。

（1）如图 6-1 所示，在 Access 2010 启动窗口中，在中间窗格的上方单击“空数据库”，在右侧窗格的文件名文本框中给出了一个默认的文件名“Database1.accdb”，把它修改为“教学管理”。

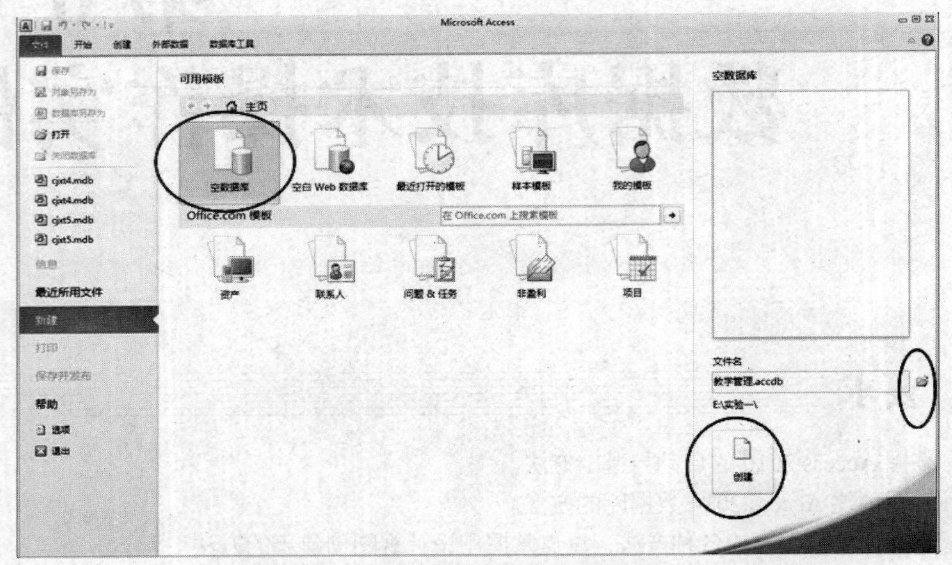

图 6-1 创建教学管理数据库

（2）单击 按钮，在打开的“新建数据库”对话框中，选择数据库的保存位置，在“E:\实验一”文件夹中，单击“确定”按钮，如图 6-2 所示。

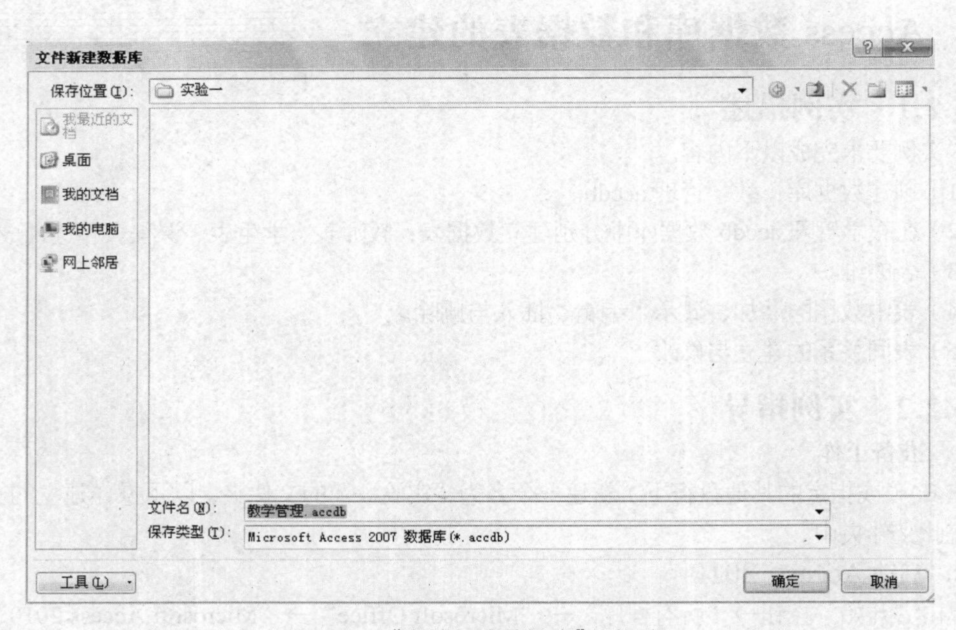

图 6-2 “文件新建数据库”对话框

（3）这时返回到 Access 启动界面，显示将要创建的数据库的名称和保存位置，如果用户未提供文件扩展名，Access 将自动添加上。

（4）在右侧窗格下面，单击“创建”命令按钮，如图 6-1 所示。

（5）这时开始创建空白数据库，自动创建了一个名称为“表 1”的数据表，并以数据表视图方式打开这个表1，如图6-3所示。

（6）这时光标将位于“添加新字段”列中的第一个空单元格中，现在就可以添加数据了。

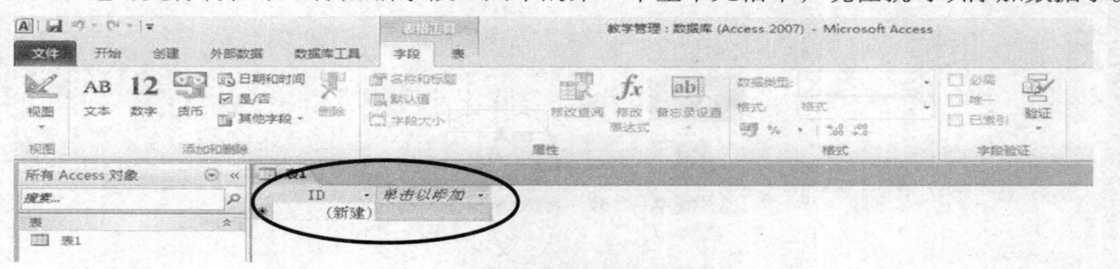

图6-3　表1的数据表视图

4．数据库的打开和关闭

（1）打开数据库。

要求：以独占方式打开“教学管理.accdb”数据库。操作步骤如下。

① 选择“文件”菜单中的“打开”菜单，弹出“打开”对话框。

② 在“打开”对话框的“查找范围”中选择“E:\实验一”文件夹，在文件列表中选择“教学管理.accdb”，然后单击“打开”按钮右边的箭头，选择“以独占方式打开”，如图6-4所示。

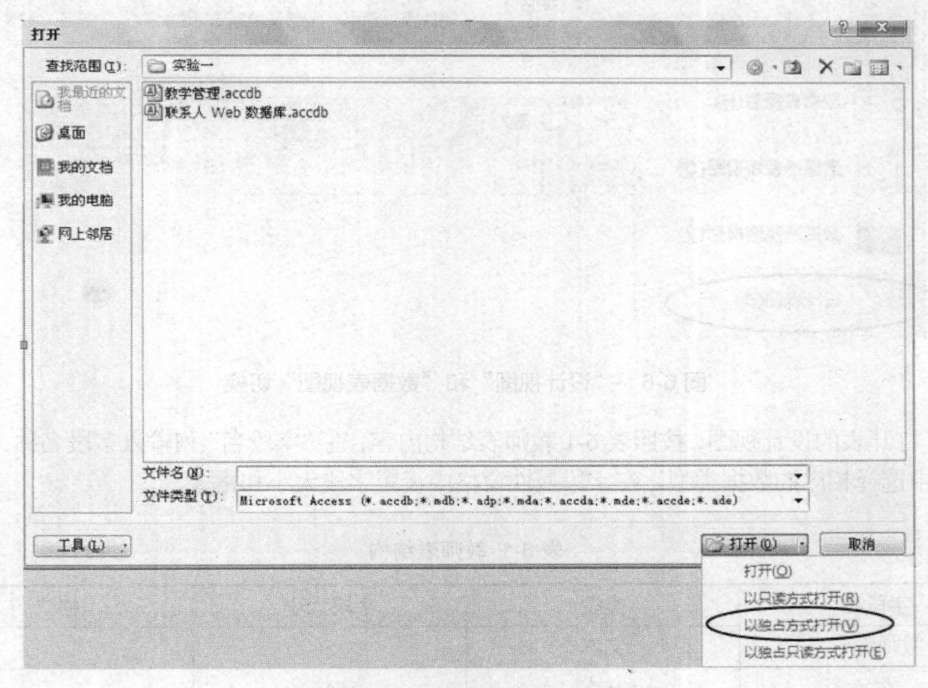

图6-4　以独占方式打开数据库

（2）关闭打开的“教学管理.accdb”数据库。

在Access 2010主窗口选“文件”→“关闭数据库”菜单命令即可关闭数据库文件，或单击数据库窗口右上角的“关闭”按钮，或在Access 2010主窗口选“文件”→“退出”菜单命令关闭数据库同时退出Access。

5. 建立数据库表

（1）使用“设计视图”创建表。

要求：在“教学管理.accdb”数据库中利用设计视图创建“教师”表。操作步骤如下。

① 打开“教学管理.accdb”数据库，在功能区上的“创建”选项卡的“表格”组中，单击“表设计”按钮，如图 6-5 所示。

图 6-5　创建表

② 单击“表格工具/视图”→“设计视图”，如图 6-6 所示。

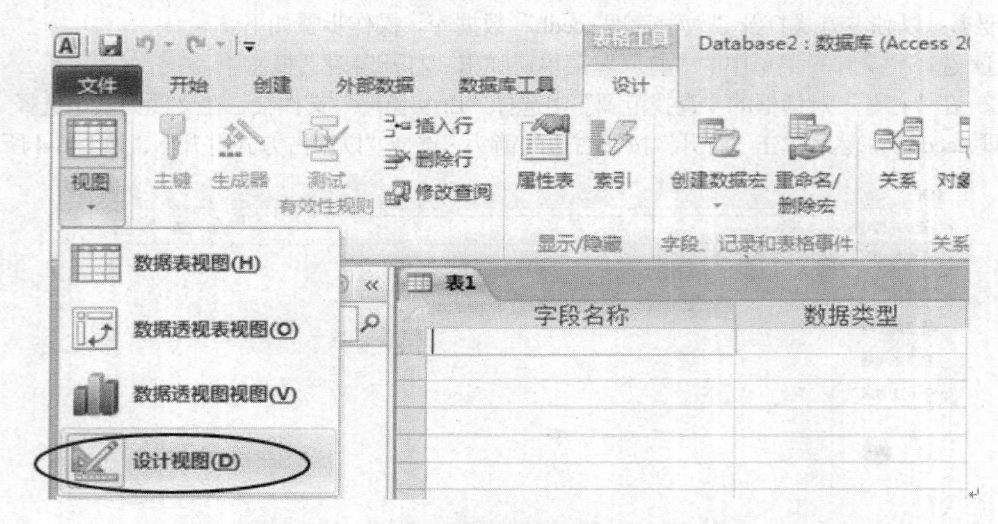

图 6-6　“设计视图”和“数据表视图”切换

③ 打开表的设计视图，按照表 6-1 教师表结构内容，在“字段名”列输入字段名称，在“类型”列中选择相应的数据类型，在字段属性窗格中设置字段大小和格式。

表 6-1 教师表结构

字段名	类型	字段大小	格式
教师编号	文本	5	
姓名	文本	4	
性别	文本	1	
年龄	数字	整型	
工作时间	日期/时间		短日期
政治面目	文本	2	
学历	文本	4	
职称	文本	3	
系别	文本	10	

④ 选择“教师编号”字段，在“表格工具/设计”→“工具”组，单击“主键”按钮 。或者右击“教师编号”字段，在弹出的快捷菜单中选择“主键”，如图6-7所示。

⑤ 单击“保存”按钮，弹出“另存为”对话框，在表名称框中输入“教师”，单击“确定”按钮，以“教师”为名保存表。

图6-7　设置主键菜单

（2）使用“数据表视图”创建表。

要求：在“教学管理.accdb”数据库中，使用“数据表视图”创建“学生”表的结构。操作步骤如下。

① 打开“教学管理.accdb”数据库。

② 在功能区上的“创建”选项卡的“表格”组中，单击“表”按钮，如图6-8所示。这时将创建名为“表1”的新表，并在“数据表视图”中打开它。

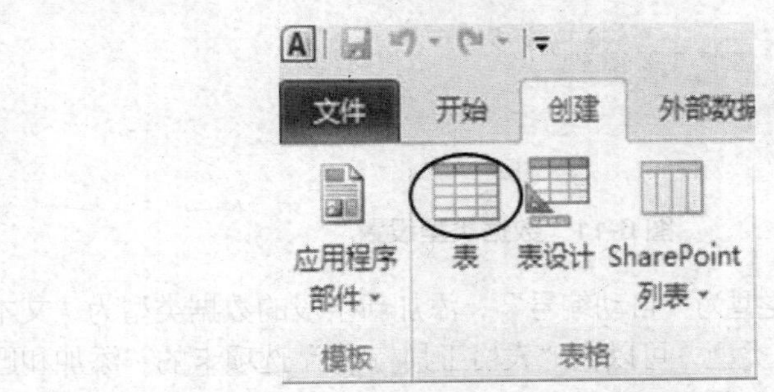

图6-8　“表格”组

③ 选中ID字段，在“表格/字段”选项卡中的“属性”组中，单击“名称和标题”按钮，如图6-9所示。

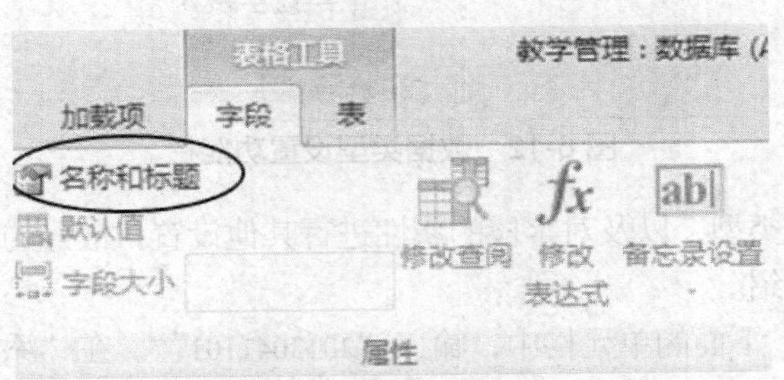

图6-9　“字段属性”组

④ 打开了“输入字段属性”对话框，在“名称”文本框中，输入“学生编号”，然后单击“确定”按钮，如图6-10所示。

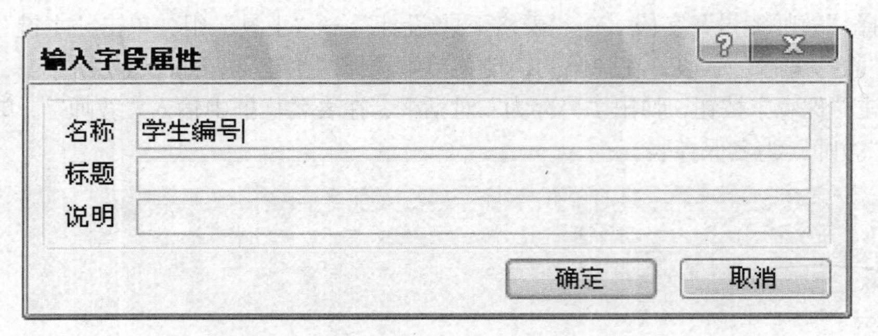

图 6-10 “输入字段属性”对话框

⑤ 选中“学生编号”字段列，在“表格工具/字段”选项卡的“格式”组中，把“数据类型”设置为“文本”，如图 6-11 所示。

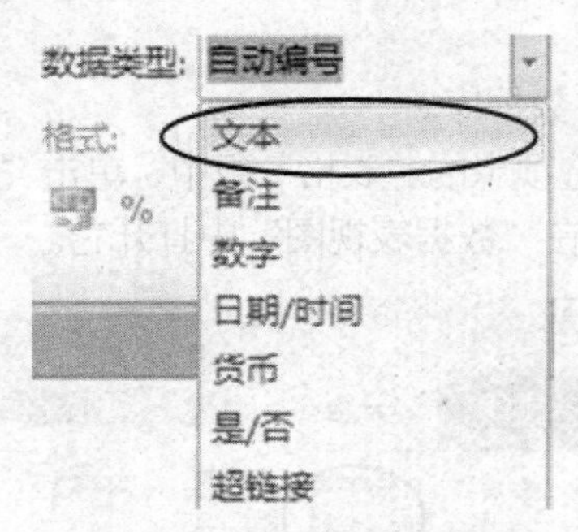

图 6-11 数据类型设置

注意：ID 字段默认数据类型为“自动编号”，添加新字段的数据类型为“文本”，如果用户所添加的字段是其他的数据类型，可以在“表格工具/字段”选项卡的“添加和删除”组中单击相应的一种数据类型的按钮，如图 6-12 所示。

图 6-12 数据类型设置功能栏

如果需要修改数据类型，以及对字段的属性进行其他设置，最好的方法是在表设计视图中进行，此方法见后续介绍。

⑥ 在“学生编号”下面的单元格中，输入“2013041101”。在“添加新字段”下面的单元格中，输入“张佳”，按【Enter】键或【Tab】键，这时 Access 自动为新字段命名为“字段 1”，如图 6-13 所示，参考步骤④的操作，把“字段 1”的名称修改为“姓名”。

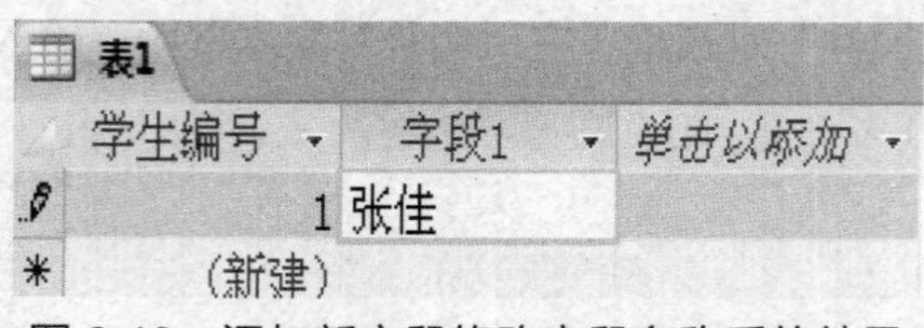

图 6-13 添加新字段修改字段名称后的结果

⑦ 以同样方法，依次输入表6-2所示的其余数据，其中“性别”数据类型设为“文本”，“年龄”数据类型设为“数字”，“入校日期”数据类型设为“日期/时间”，“团员否”数据类型设为“是/否”，“住址”数据类型设为“备注”，“照片”数据类型设为“OLE对象”。每输入完一条记录后，按【Enter】键或者按【Tab】键转至下一条记录，继续输入下一条记录。

表6-2 学生表内容

学生编号	姓名	性别	年龄	入校日期	团员否	住址	照片
2013041101	张佳	女	21	2013-9-3	否	广西柳州	
2013041102	成长	男	21	2013-9-2	是	北京海淀区	
2013041103	成果	女	19	2013-9-3	是	广西南宁	
2013041104	刘洋	男	18	2013-9-2	是	上海	
2013041105	严肃	男	22	2013-9-2	是	广西桂林	

⑧ 最后在“快速访问工具栏”中，单击保存按钮。输入表名“学生”，单击“确定”按钮。

（3）通过导入文本文件来创建表。

要求：用记事本建立“课程.txt”文本文件，将“课程.txt”导入到“教学管理.accdb”数据库中。操作步骤如下。

① 单击“开始”菜单→“所有程序”→“附件”→“记事本”，启动记事本，按图6-14所示的格式输入数据，各项数据之间通过输入一个【Tab】键分隔，最后以“课程.txt”为名保存。

```
课程 - 记事本
文件(F) 编辑(E) 格式(O) 查看(V) 帮助(H)
课程编号	课程名称	课程类别	学分
101	计算机实用软件	选修	3
102	英语	必修	6
103	高等数学	必修	6
104	力学	选修	2
105	电算会计	选修	2
```

图6-14 “课程.txt”文件

② 打开“教学管理”数据库，在功能区，选中“外部数据”选项卡，在“导入并链接”组中，单击“文本文件”，如图6-15所示。

图6-15 “外部数据”选项卡

③ 在打开的“获取外部数据—文本文件”对话框中，单击“浏览”按钮，在打开的“打开”

对话框中，在“查找范围”定位好外部文件所在文件夹，选中导入数据源文件“课程.txt”，单击“打开”按钮，返回到“获取外部数据—文本文件”对话框中，单击“确定”按钮，如图 6-16 所示。

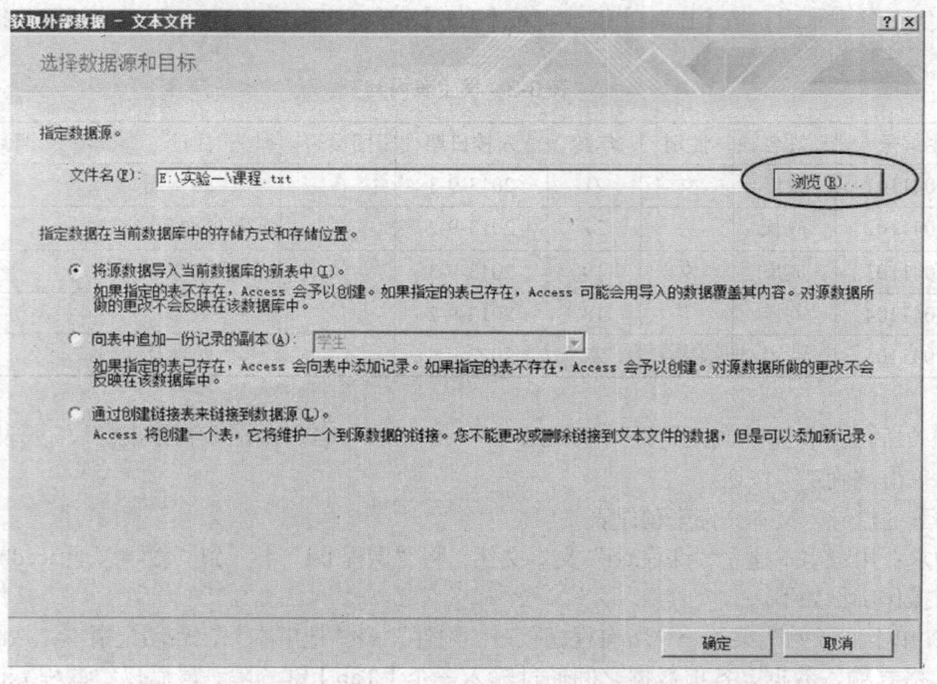

图 6-16　“获取外部数据—文本文件”窗口——选择数据源和目标

④ 在打开的“导入文本向导”对话框中，直接单击“下一步”按钮，如图 6-17 所示。在打开的指定第一行是否包含列标题对话框中，选中“第一行包含列标题”复选框，然后单击“下一步”按钮，如图 6-18 所示。

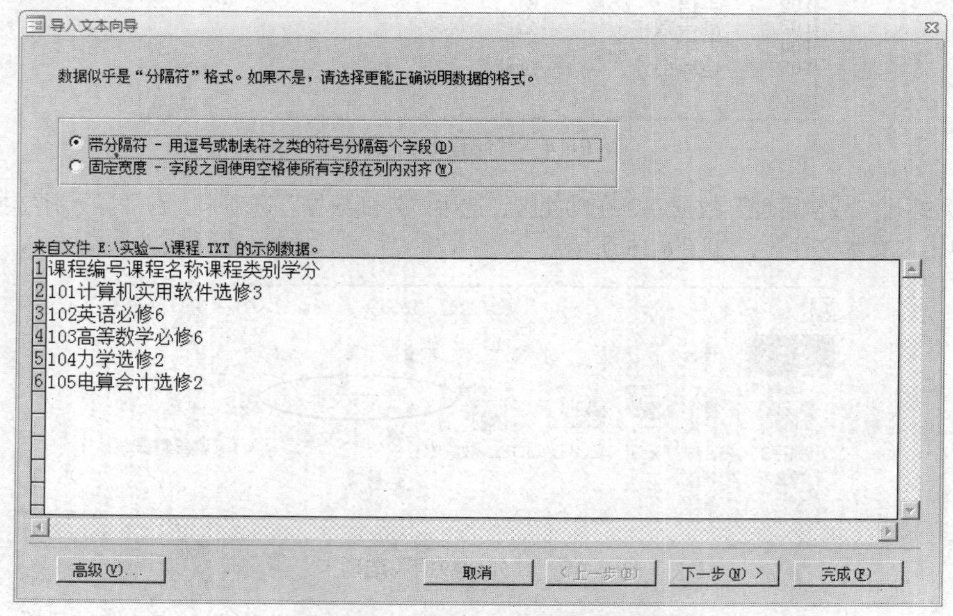

图 6-17　“导入文本向导”对话框

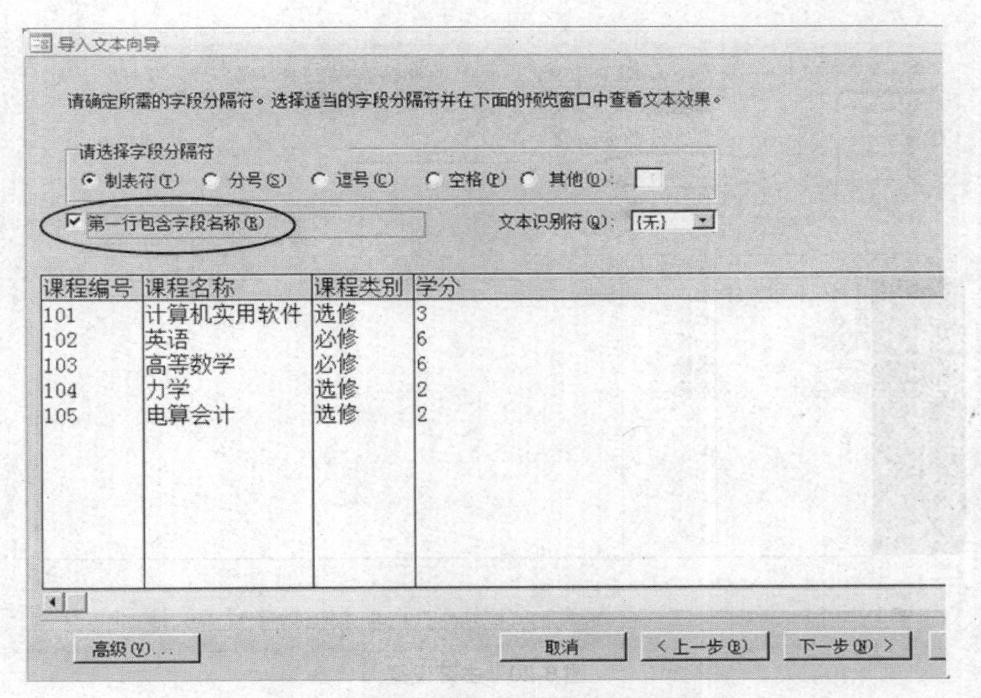

图 6-18　指定第一行是否包含列标题对话框

⑤ 在打开的指定导入每一字段信息对话框中，指定“课程编号”的数据类型为“文本”，索引项为“有（无重复）”，然后选择“学分”字段，设置“学分”的数据类型为“整型”，其他默认。单击“下一步”按钮，如图 6-19 所示。

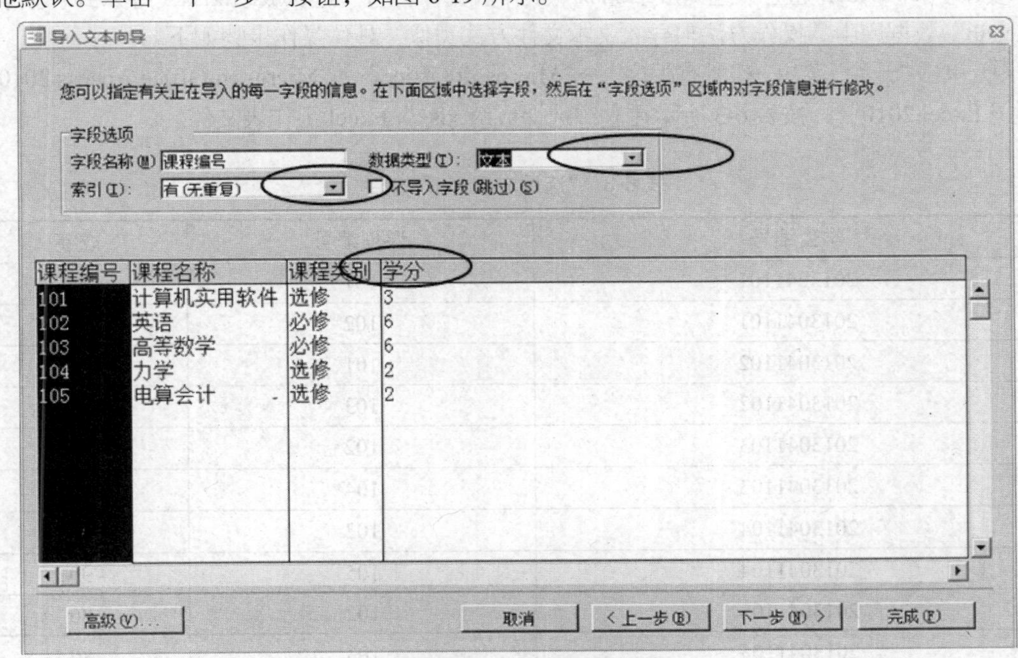

图 6-19　字段选项设置

⑥ 在打开的定义主键对话框中，选中“我自己选择主键”，Access 自动选定“课程编号”，然后单击“下一步”按钮，如图 6-20 所示。

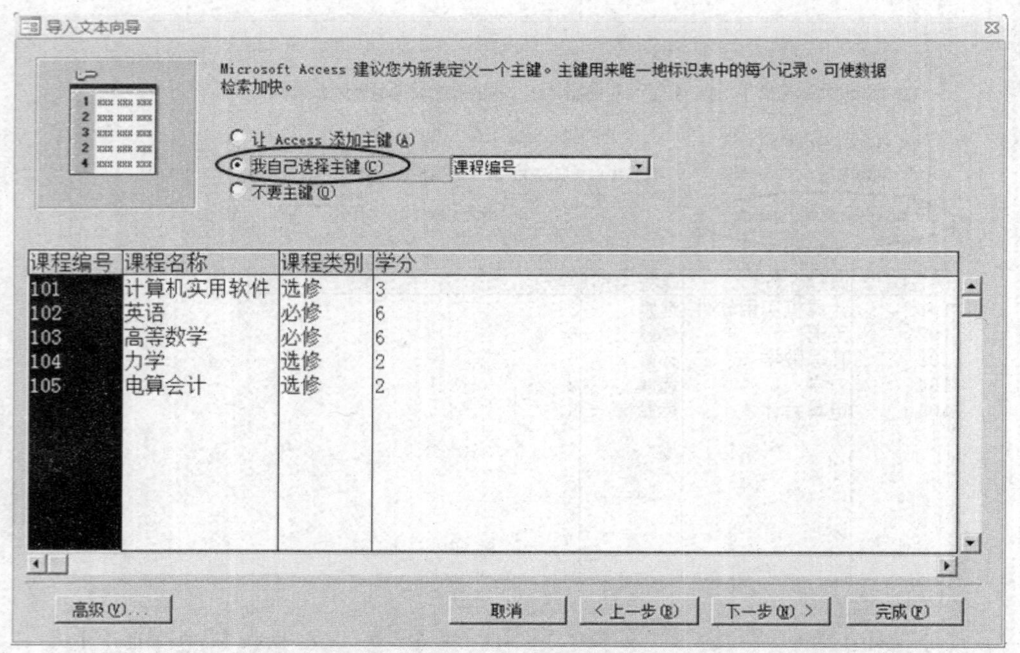

图 6-20　主键设置

⑦ 在打开的制定表的名称对话框中，在“导入到表”文本框中输入“课程”，单击“完成”按钮，完成使用导入文本文件方法创建表。

（4）通过导入 Excel 文件创建表。

要求：用 Excel 建立“选课成绩.xlsx”工作表文件，将“选课成绩.xlsx”导入到“教学管理.accdb”数据库中。操作方法与导入文本文件方法类似，具体操作步骤如下。

① 单击“开始”菜单→“所有程序”→“Microsoft Office”→“Microsoft Office Access 2010”，启动“Excel 2010”，按表 6-3 所示建立“选课成绩.xlsx”Excel 工作表文件。

表 6-3　“选课成绩.xls”文件

学生编号	课程编号	成绩
2013041101	101	85
2013041101	102	75
2013041102	101	48
2013041102	103	65
2013041103	102	50
2013041103	104	55
2013041104	102	89
2013041104	105	90
2013041105	102	86
2013041105	103	80

② 打开“教学管理”数据库，在功能区选中“外部数据”选项卡，在“导入并链接”组中单击“Excel”图标，如图 6-21 所示。

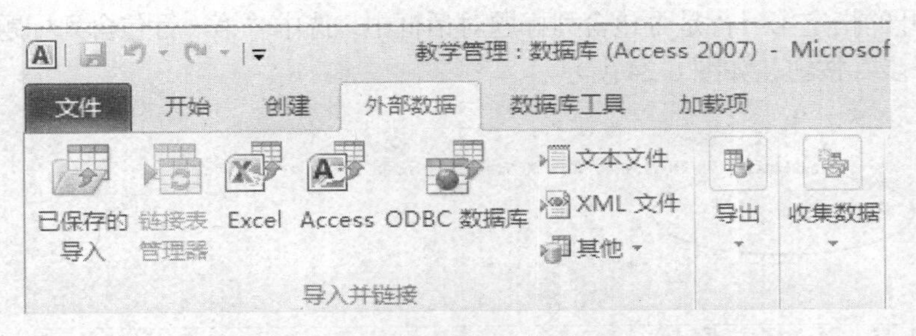

图 6-21 “外部数据”选项卡

③ 在打开的“获取外部数据-Excel 电子表格”对话框中，单击“浏览”按钮，在打开的“打开”对话框中，在“查找范围”定位与外部文件所在夹，选中导入数据源文件“选课成绩.xlsx”，单击“打开”按钮，返回到“获取外部数据-Excel 电子表格”对话框中，单击“确定”按钮，如图 6-22 所示。

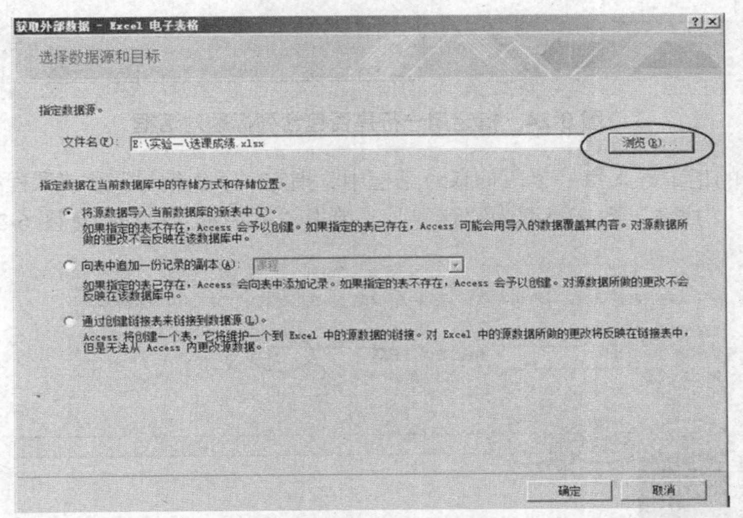

图 6-22 “获取外部数据-Excel 电子表格”窗口——选择数据源和目标

④ 在打开的“导入数据表向导”对话框中，直接单击“下一步”按钮，如图 6-23 所示。

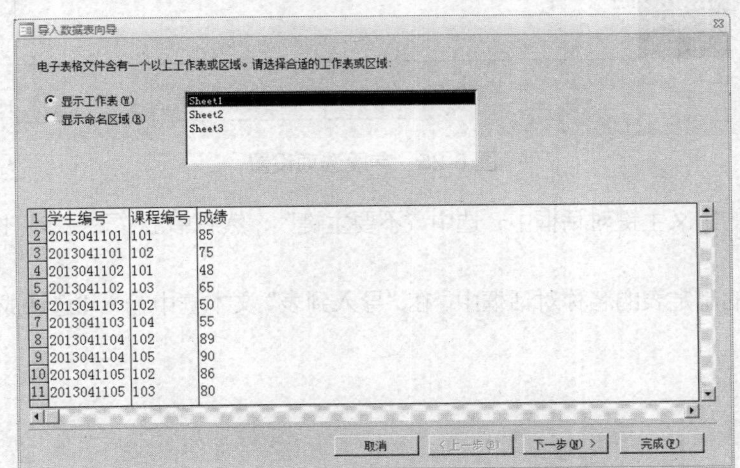

图 6-23 “导入数据表向导”对话框

⑤ 在打开的指定第一行是否包含列标题对话框中，选中“第一行包含列标题”复选框，然后单击“下一步”按钮，如图 6-24 所示。

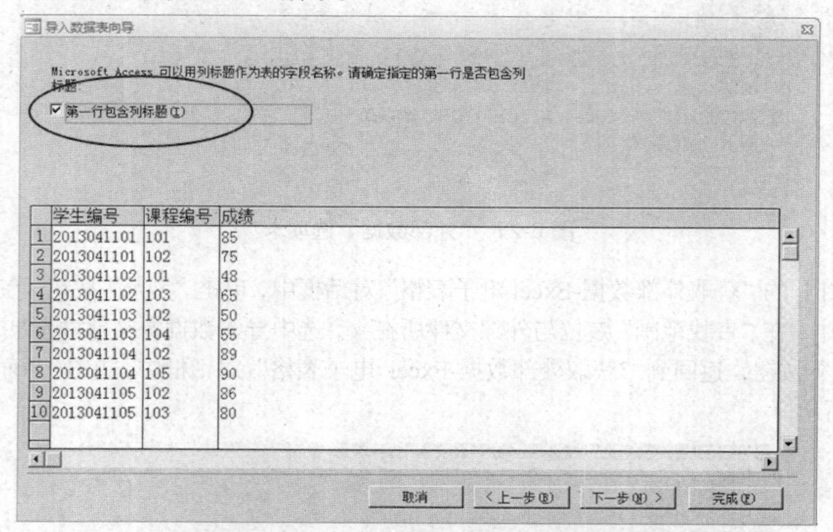

	学生编号	课程编号	成绩
1	2013041101	101	85
2	2013041101	102	75
3	2013041102	101	48
4	2013041102	103	65
5	2013041103	102	50
6	2013041103	104	55
7	2013041104	102	89
8	2013041104	105	90
9	2013041105	102	86
10	2013041105	103	80

图 6-24　指定第一行是否包含列标题对话框

⑥ 在打开的指定导入每一字段信息对话框中，指定“学生编号”和“课程编号”的数据类型为“文本”，“成绩”数据类型为“整型”，单击“下一步”按钮，如图 6-25 所示。

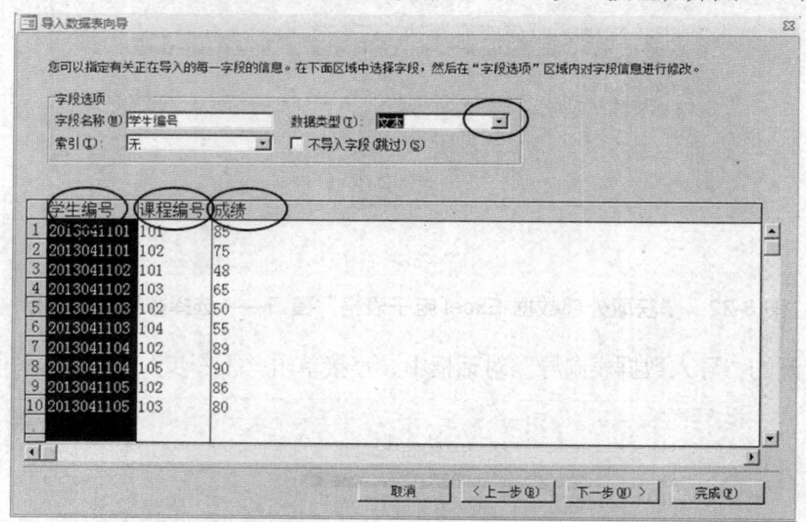

	学生编号	课程编号	成绩
1	2013041101	101	85
2	2013041101	102	75
3	2013041102	101	48
4	2013041102	103	65
5	2013041103	102	50
6	2013041103	104	55
7	2013041104	102	89
8	2013041104	105	90
9	2013041105	102	86
10	2013041105	103	80

图 6-25　字段选项设置

⑦ 在打开的定义主键对话框中，选中“不要主键”，然后单击“下一步”按钮，如图 6-26 所示。

⑧ 在打开的制定表的名称对话框中，在“导入到表”文本框中输入“选课成绩”，单击“完成”按钮。

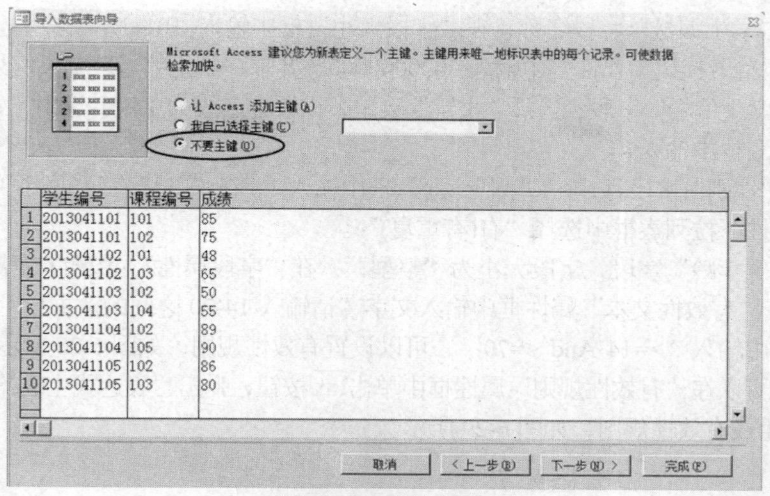

图 6-26　主键设置

6．修改表结构及字段属性

（1）将“学生”表结构按表 6-4 所示修改，将“学生”表索引设置为“有(有重复)”，并添加“照片”字段。

表 6-4　学生表结构

字段名	类型	字段大小	格式	默认值	照片
学生编号	文本	10			
姓名	文本	4			
性别	文本	1		男	
年龄	数字	整型		23	
入校日期	日期/时间		短日期	=Date()	
团员否	是/否		是/否		
住址	备注				
照片	OLE 对象				

具体操作步骤如下。

① 打开“教学管理.accdb”，双击“学生”表，打开学生表“数据表视图”，选择“开始”选项卡→“视图”→“设计视图”，如图 6-27 所示。

学生

字段名称	数据类型
学生编号	文本
姓名	文本
性别	文本
年龄	数字
入校日期	日期/时间
团员否	是/否
住址	备注
照片	OLE 对象

图 6-27　设置字段属性

② 选中“学生编号”字段名称，在“字段大小”框中输入 10，在“标题”属性框中输入“学号”，在“输入掩码”属性框中输入 0000000000，要求“学生编号”字段值只能输入 10 位数字。右击“学生编号”字段，选择“主键”菜单，设置该字段为主键。选中“姓名”字段行，在“字段大小”框中输入 4。

③ 选中“性别”字段行，在“字段大小”框中输入 1，在“默认值”属性框中输入“男”，在“索引”属性下拉列表框中选择“有(有重复)”。

④ 选中 “年龄”字段，字段大小为“整型”，在“字段属性”下方的“默认值”属性框中输入 23，在“有效性文本”属性框中输入文字“请输入 14-70 之间的数据！”，在“有效性规则”属性框中输入“>=14 And <=70”，可以设置有效性规则，如图 6-28 所示。其中有效性规则的设置也可以在“有效性规则”属性框中单击[...]按钮，弹出“表达式生成器”窗口，选择“操作符”来生成有效性规则，如图 6-29 所示。

常规 | 查阅

字段大小	整型
格式	
小数位数	自动
输入掩码	
标题	
默认值	23
有效性规则	>=14 And <=70
有效性文本	请输入14-70之间的数据！
必需	否

图 6-28 “有效性规则”和“有效性文本”的设置

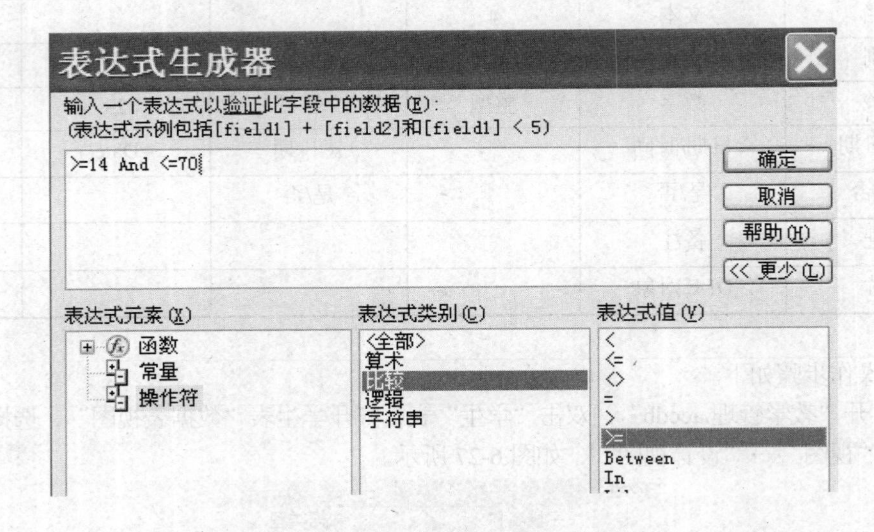

图 6-29 通过表达式生成器输入运算符

⑤ 选中“入校日期”字段，在“字段属性”下方的“格式”列表中选择“短日期”。单击“默认值”属性框，单击[...]按钮打开“表达式生成器”窗口，在“表达式元素”中双击“函数”，再单击“内置函数”，在“表达式类别”中选中“日期/时间”，在“表达式值”中双击选中“Date”函数，如图 6-30 所示。最后单击“确定”按钮关闭表达式生成器。默认值框显示 默认值 =Date() 。

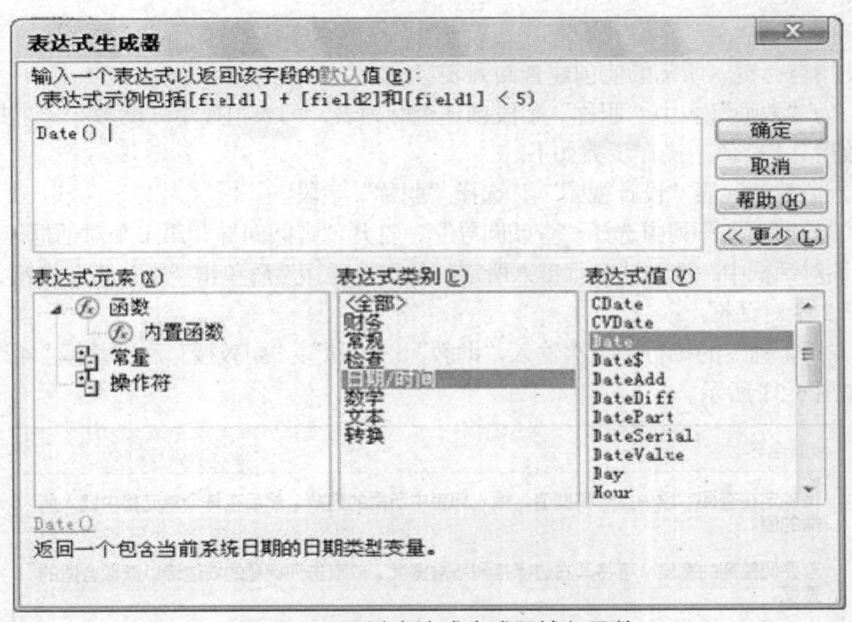

图 6-30 通过表达式生成器输入函数

⑥ 单击快速工具栏上的“保存”按钮，保存“学生”表。在弹出的对话框中选择“是”即可。

（2）将“选课成绩”表结构按表 6-5 所示修改，将“课程”表结构按表 6-6 所示修改。

操作步骤如下。

① 打开“选课成绩”表“设计视图”，右击“学生编号”字段，在弹出的快捷菜单中选择“插入行”，即可在“学生编号”前添加一个空白字段，输入“选课 ID”，选择数据类型为“自动编号”。

② 同理将其余的字段按照表 6-6 所示进行修改后，单击保存按钮保存所做的修改。

表 6-5 “选课成绩”表结构

字段名	数据类型	字段大小
选课 ID	自动编号	
学生编号	文本	10
课程编号	文本	3
成绩	数字	整型

表 6-6 “课程”表结构

字段名	数据类型	字段大小
课程编号	文本	3
课程名称	文本	20
课程类别	文本	2
学分	数字	整型

（3）使用自行键入所需的值创建查阅列表字段。

要求：为“教师”表中“职称”字段创建查阅列表，列表中显示“助教”“讲师”“副教授”和“教授”4个值。操作步骤如下。

① 打开“教师”表“设计视图”，选择“职称”字段。

② 在“数据类型”列中选择“查阅向导”，打开“查阅向导”第1个对话框。

③ 在该对话框中，选中“自行键入所需的值”选项，然后单击“下一步”按钮，打开“查阅向导”第2个对话框。

④ 在“第1列”的每行中依次输入“助教”“讲师”“副教授”和“教授”4个值，列表设置结果如图6-31所示。

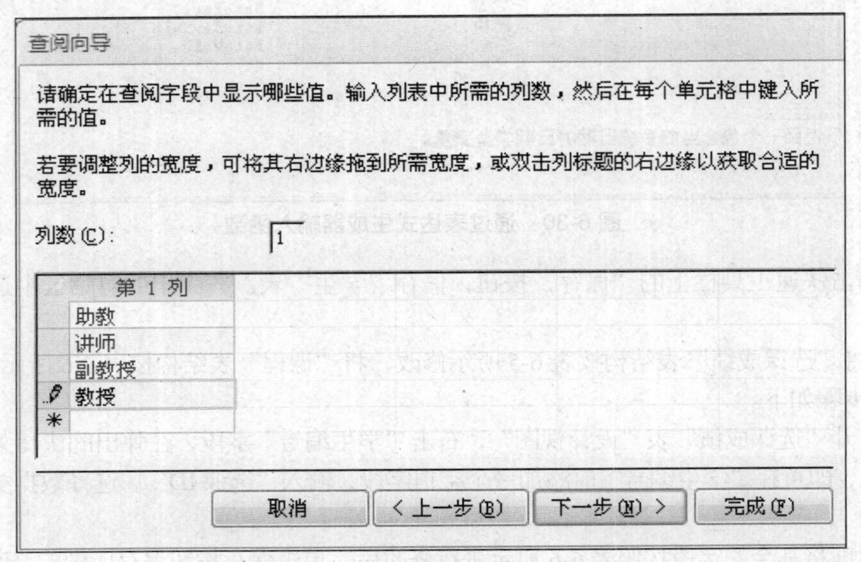

图6-31 查阅向导

⑤ 单击“下一步”按钮，弹出“查阅向导”最后一个对话框。在该对话框的“请为查阅列表指定标签”文本框中输入名称，本例使用默认值。最后单击“完成”按钮。

7. 记录的添加和删除

（1）添加记录。

要求：在“学生”表和教师表中添加记录。操作步骤如下。

① 在数据库窗口中，双击打开“学生”表。

② 在最后一行的对应字段中分别输入表6-7所示的学生信息。

表6-7 添加“学生”表的记录

学号	姓名	性别	年龄	入校日期	团员否	住址	照片
2013041106	张扬	男	20	2013/9/4	是	广西北海	
2013041107	杨柳	女	21	2013/9/4	否	江西南昌	

③ 同理，在数据库窗口中，双击打开“教师”表，输入如表6-8所示的记录。

表 6-8 添加“教师”表的记录

教师编号	姓名	性别	年龄	工作时间	政治面貌	学历	职称	系别
95010	高飞	男	55	1989/7/4	党员	博士	教授	计算机学院
950107	杨丽	女	25	2013/9/4	群众	硕士	助教	计算机学院

（2）删除记录。

要求：删除姓名为“杨柳”的记录。操作步骤如下。

在要删除的记录行选定器（如图 6-32 所示）中单击鼠标右键，在弹出的快捷菜单中选择“删除记录”命令或直接单击“工具栏”中“删除记录”按钮，在出现的图 6-33 所示的信息提示框中，单击“是”按钮，删除记录。

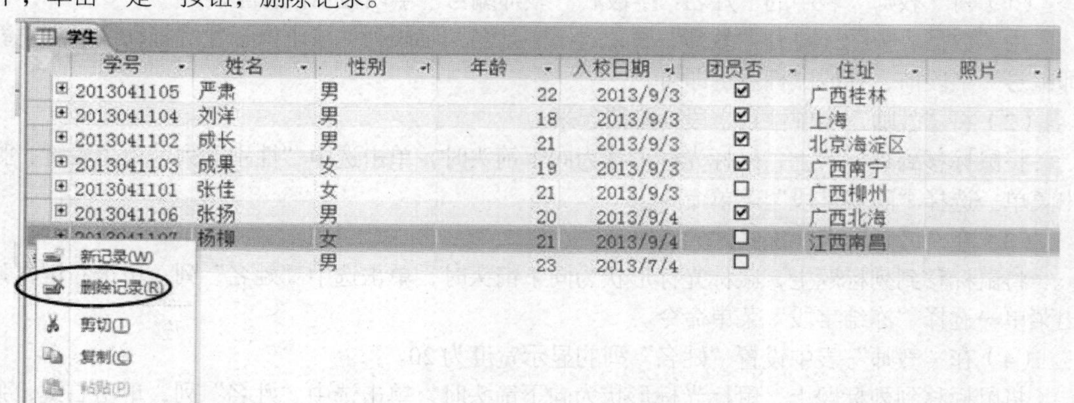

图 6-32 删除记录

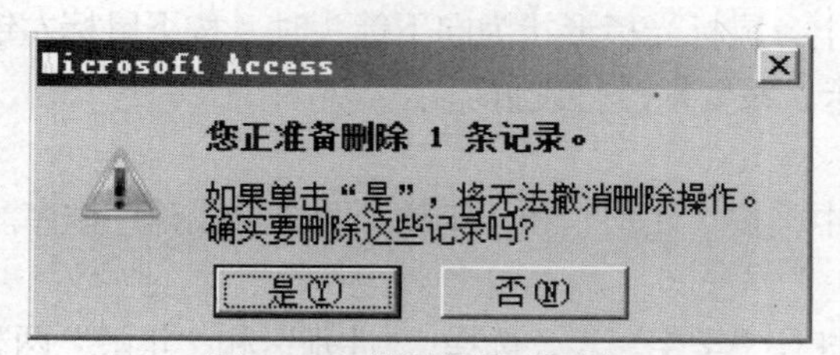

图 6-33 删除记录提示框

8. 数据的编辑

要求：把“学生”表的第一条记录的“年龄”修改为“20”。操作步骤如下。

双击打开“学生”表，在“学生”表窗口中直接把对应网格上的“21”改为“20”，鼠标离开本条记录时即可实现保存。放弃保存按【Esc】键。

9. 查找、替换数据

要求：将“学生”表中“住址”字段值中的“广西”全部改为“广西省”。操作步骤如下。

（1）用“数据表视图”打开“学生”表，将光标定位到“住址”字段任意一单元格中。

（2）单击 “开始”选项卡的“查找”组中的“替换”按钮，打开“查找和替换”对话框，如图 6-34 所示。设置各个选项后，单击“全部替换”按钮。

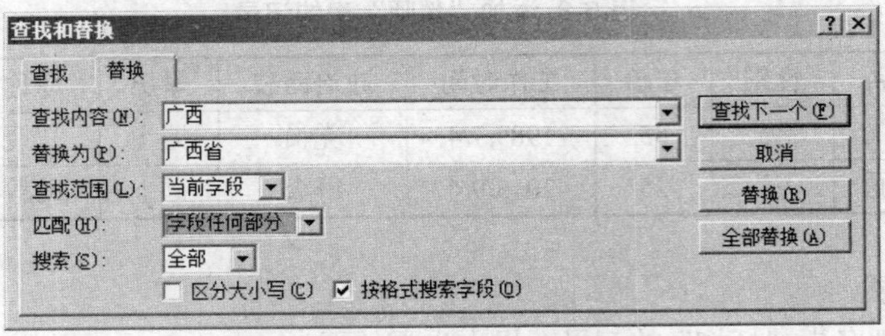

图 6-34 “查找和替换”对话框

10. 数据的显示

（1）将“教师”表中的“姓名”字段和“教师编号”字段显示位置互换。

用“数据表视图”打开“教师”表，选中“姓名”字段列，按下鼠标左键拖动鼠标到“教师编号”字段前，释放鼠标左键即可。

（2）将“教师”表中性别字段列隐藏起来。

将鼠标移到列标题上，鼠标光标形状为向下箭头时，单击选中“性别”列，单击右键，弹出菜单→选择“隐藏字段”菜单命令。

（3）在“教师”表中冻结“姓名”列。

将鼠标移到列标题上，鼠标光标形状为向下箭头时，单击选中“姓名”列，单击右键，弹出菜单→选择“冻结字段”菜单命令。

（4）在“教师”表中设置“姓名”列的显示宽度为 20。

将鼠标移到列标题上，鼠标光标形状为向下箭头时，单击选中“姓名”列，单击右键，弹出菜单→选择“字段宽度”菜单命令，将列宽设置为 20，单击“确定”按钮。

（5）设置“教师”数据表格式，字体为楷体、12 磅、斜体、蓝色。

将鼠标移到列标题上，鼠标光标形状为向下箭头时，按下鼠标左键拖动选中所有列，选择“开始/文本格式”选项卡，按要求进行设置。

11. 排序记录

（1）在“学生”表中，按“性别”和“年龄”两个字段升序排序。

操作步骤如下。

用“数据表视图”打开“学生”表，选择“性别”和“年龄”两列，选“开始”选项卡→“排序和筛选”组，单击功能栏中的“升序”按钮，完成按“性别”和“年龄”两个字段升序排序。

（2）在“学生”表中，先按“性别”升序排序，再按“入校日期”降序排序。

操作步骤如下。

① 选择“开始/排序和筛选”选项卡，单击“高级”下拉列表→“高级筛选/排序”命令，如图 6-35 所示。

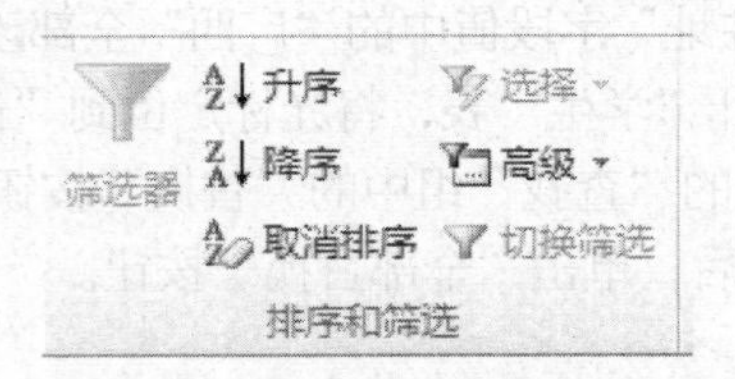

图 6-35 排序和筛选组

② 打开“筛选”窗口，在设计网格中“字段”行第1列选择“性别”字段，排序方式选“升序”，第2列选择“入校日期”字段，排序方式选“降序”，结果如图6-36所示。

③ 选择“开始/排序和筛选”选项卡→“切换筛选”，观察排序结果。

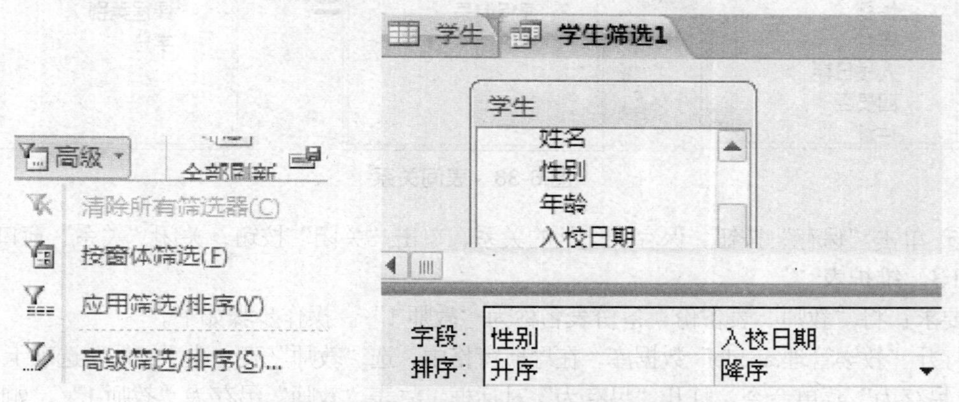

图6-36 单击“高级”按钮展开的列表及高级窗口

12. 建立表之间的关联

要求：创建“教学管理.accdb”数据库中表之间的关联，并实施参照完整性。操作步骤如下。

① 打开“教学管理.accdb”数据库，单击“数据库工具”选项卡的“关系”组，单击功能栏上的“关系”按钮，打开“关系”窗口，同时打开“显示表”对话框。

② 在“显示表”对话框中，分别双击“学生”表、“课程”表、“选课成绩”表，将其添加到“关系”窗口后关闭“显示表”窗口。注：三个表的主键分别是“学生编号”、“选课ID”、“课程编号”。

③ 选定“课程”表中的“课程编号”字段，然后按下鼠标左键并拖动到“选课成绩”表中的“课程编号”字段上，松开鼠标。此时屏幕显示图6-37所示的“编辑关系”对话框。选中“实施参照完整性”复选框，单击“创建”按钮。

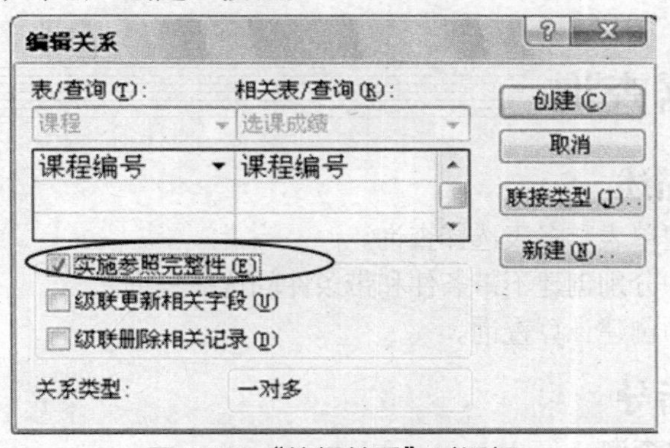

图6-37 “编辑关系”对话框

④ 用同样的方法将“学生”表中的“学生编号”字段拖曳到“选课成绩”表中的“学生编号”字段上，并选中“实施参照完整性”，结果如图6-38所示。

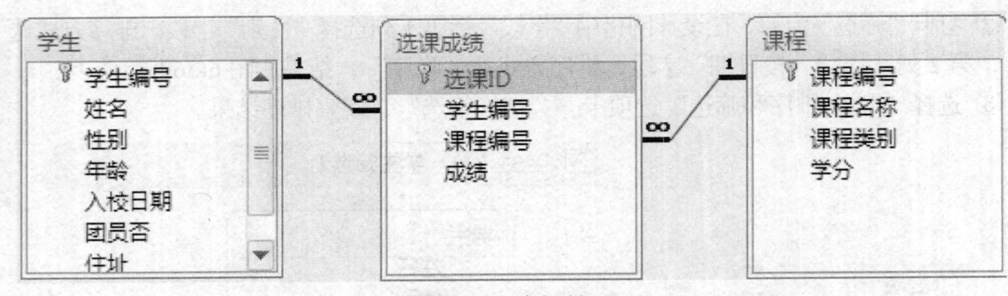

图 6-38　表间关系

⑤ 单击“保存”按钮，保存表之间的关系，单击“关闭”按钮，关闭“关系”窗口。

13. 维护表

要求：将“教师”表备份，备份表名称为“教师 1”。操作步骤如下。

打开“教学管理.accdb”数据库，在导航窗格中，选“教师”表，选“文件”选项卡，单击“对象另存为”菜单命令，打开“另存为”对话框，将表“教师”另存为“教师 1”，如图 6-39 所示。

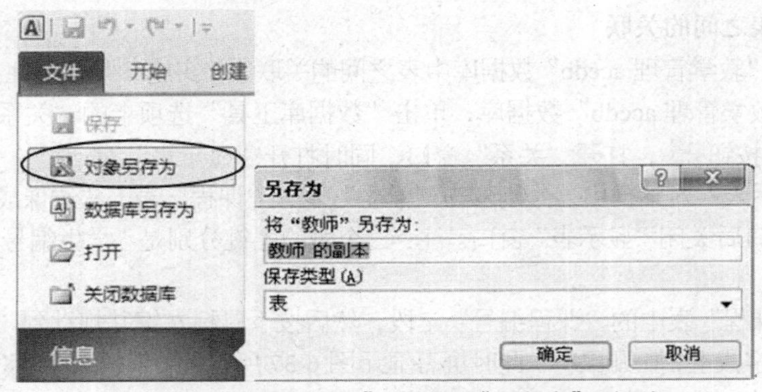

图 6-39　“对象另存为”菜单及“另存为”对话框

6.3　建立数据查询

6.3.1　实例描述

（1）利用向导创建单表和多表选择查询。

（2）在设计视图中分别创建不带条件和带条件的选择查询。

（3）在设计视图中创建计算查询。

6.3.2　实例指导

1. 利用向导创建查询

（1）单表选择查询。

要求：以“教师”表为数据源，查询教师的姓名和职称信息，所建查询命名为“教师情况”。操作步骤如下。

① 打开“教学管理.accdb”数据库，单击“创建”选项卡，在“查询”组中单击“查询向导”，如图 6-40 所示，弹出“新建查询”对话框。

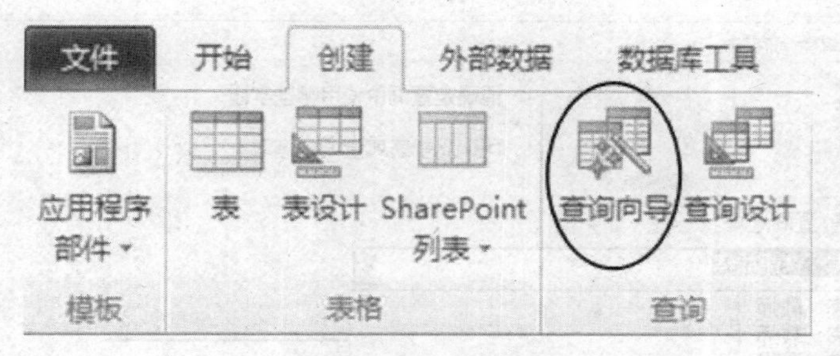

图 6-40 创建查询

② 在“新建查询”对话框中选择“简单查询向导”，单击“确定”按钮，在弹出的对话框的“表与查询”下拉列表框中选择数据源为“表:教师”，再分别双击“可用字段”列表中的“姓名”和“职称”字段，将它们添加到“选定的字段”列表框中，如图 6-41 所示。然后单击“下一步”按钮，为查询指定标题为“教师情况”。最后单击“完成”按钮。

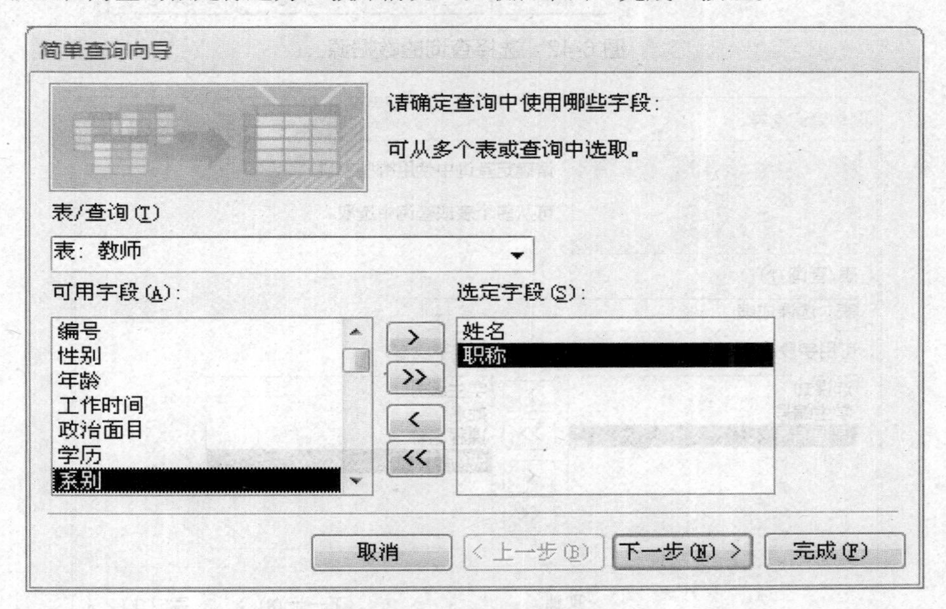

图 6-41 简单查询向导

（2）多表选择查询

要求：查询学生所选课程的成绩，并显示“学生编号”“姓名”“课程名称”和“成绩”字段。操作步骤如下。

① 打开“教学管理.accdb”数据库，在导航窗格中，单击“查询”对象，单击“创建”选项卡，在“查询”组中单击“查询向导”，弹出“新建查询”对话框。

② 在“新建查询”对话框中选择“简单查询向导”，单击“确定”按钮，在弹出的对话框的“表/查询”列表框中，先选择查询的数据源为“学生”表（见图 6-42），并将“学生编号”“姓名”字段添加到“选定的字段”列表框中，再分别选择数据源为“课程”表和“选课成绩”表，并将“课程”表中的“课程名称”字段和“选课成绩”表中的“成绩”字段添加到“选定的字段”列表框中。选择结果如图 6-43 所示。

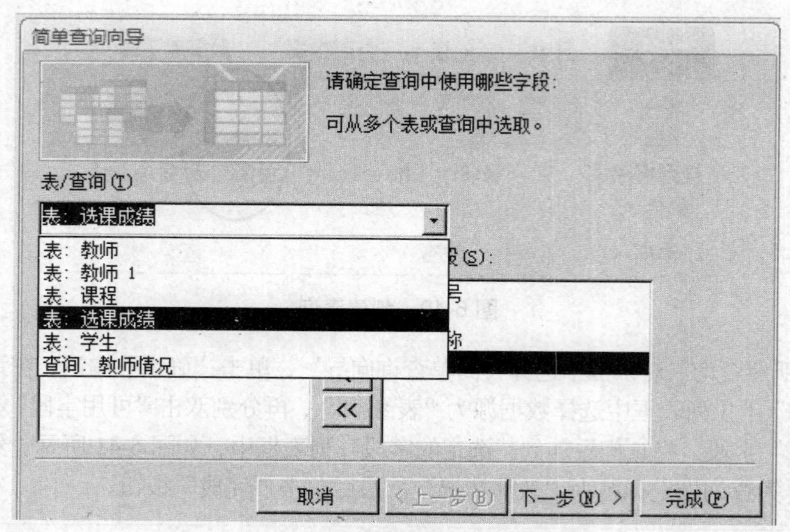

图 6-42　选择查询的数据源

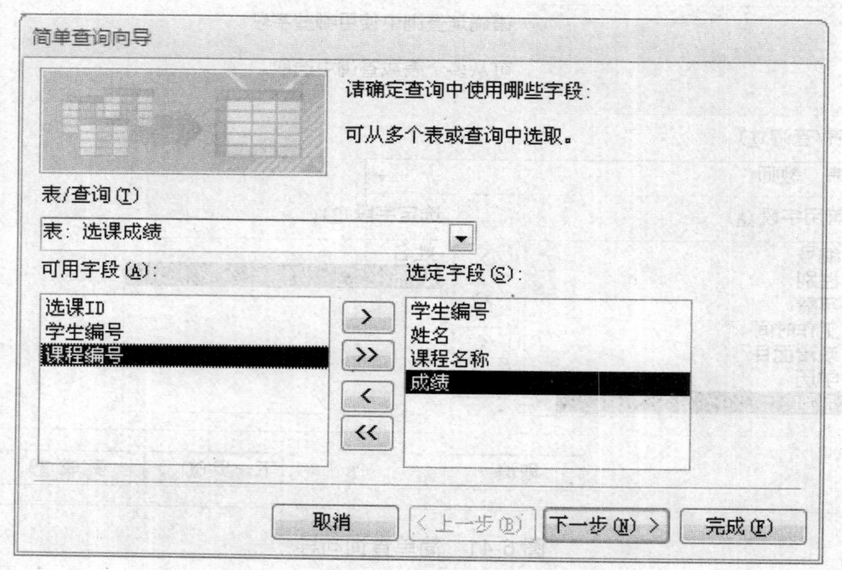

图 6-43　多表查询

③ 单击“下一步”按钮，选择“明细”选项。单击“下一步”按钮，为查询指定标题“学生选课成绩”，选择“打开查询查看信息”选项。单击“完成”按钮，弹出查询结果。

注意：查询涉及“学生”“课程”和“选课成绩”3 个表，在建查询前要先建立好三个表之间的关系。

2. 在设计视图中创建选择查询

（1）创建不带条件的选择查询。

要求：查询学生所选课程的成绩，并显示“学生编号”“姓名”“课程名称”和“成绩”字段。操作步骤如下。

① 打开“教学管理.accdb”数据库，在导航窗格中，单击“查询”对象，单击“创建”选项卡，在“查询”组中单击“查询设计”，出现“表格工具/设计”选项卡，图 6-44 所示为选择“查询工具”，同时打开查询设计视图，如图 6-45 所示。

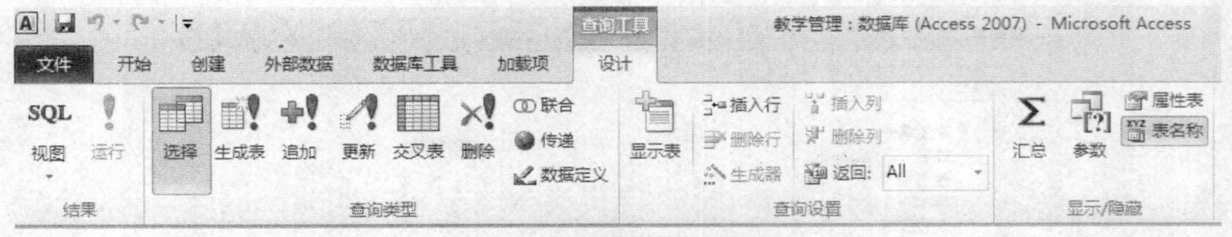

图 6-44　查询工具

② 在“显示表”对话框中选择“学生”表，单击“添加”按钮，添加学生表，同样方法，再依次添加“选课成绩”和“课程”表。

③ 双击学生表中“学生编号”“姓名”课程表中“课程名称”和选课成绩表中“成绩”字段，将它们依次添加到“字段”行的第 1～4 列上。

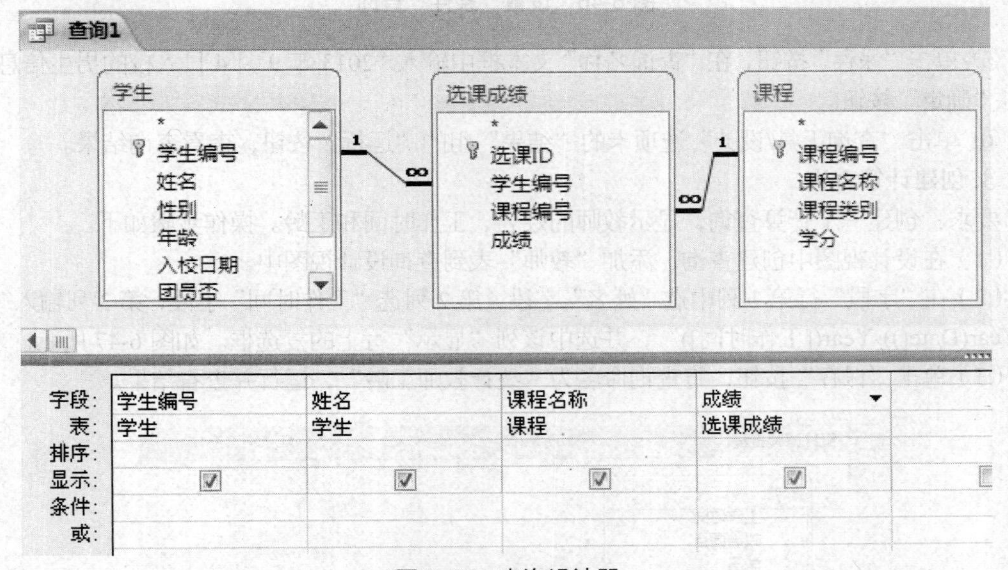

图 6-45　查询设计器

④ 单击快速工具栏的“保存”按钮，在“查询名称”文本框中输入“选课成绩查询”，单击“确定”按钮。

⑤ 选择“开始”选项卡中的“视图”组的“数据表视图”命令，或单击“查询工具/设计”选项卡的“结果”组的“运行”按钮，即可查看查询结果。

（2）创建带条件的选择查询。

要求：查找 2013 年 9 月 4 日入校的男生信息，要求显示“学生编号”“姓名”“性别”“团员否”字段内容。操作步骤如下。

① 打开查询设计视图，添加“学生”表到查询设计视图中。

② 依次双击“学生编号”“姓名”“性别”“团员否”“入校日期”字段，将它们添加到“字段”行的第 1～5 列中。

③ 单击“入校日期”字段“显示”行上的复选框，使其空白，查询结果中不显示入校日期字段值。

④ 在“性别”字段列的“条件”行中输入“男”字，系统自动加上双撇号。在“入校日期”字段列的“条件”行中输入条件“#2013-9-4#”，设置结果如图 6-46 所示。

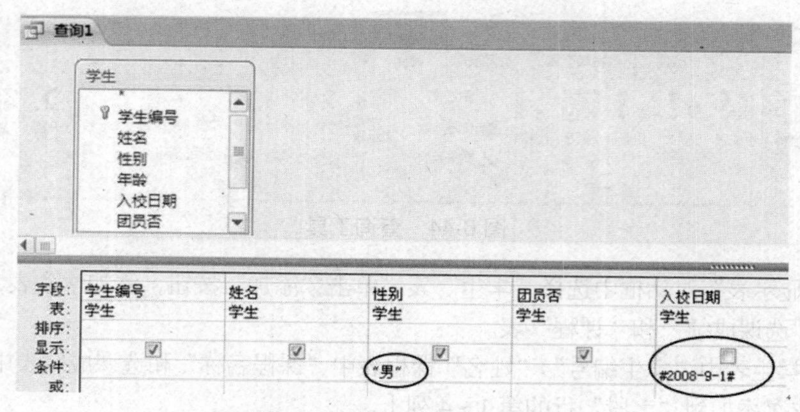

图 6-46　设置“条件”查询

⑤ 单击“保存”按钮，在“查询名称”文本框中输入“2013 年 9 月 4 日入校的男生信息”，单击“确定”按钮。

⑥ 单击“查询工具/设计”选项卡的“结果”组的“运行”按钮，查看查询结果。

3. 创建计算查询

要求：创建一个计算查询，显示教师的姓名、工作时间和工龄。操作步骤如下。

（1）在设计视图中创建查询，添加“教师”表到查询设计视图中。

（2）在“字段”行第 1 列中选“姓名”字段，第 2 列选“工作时间”字段，第 3 列输入“工龄:Year(Date())-Year([工作时间])”，并选中该列“显示”行上的复选框。如图 6-47 所示。

（3）单击“保存”按钮，将查询命名为“统计教师工龄”，运行并查看结果。

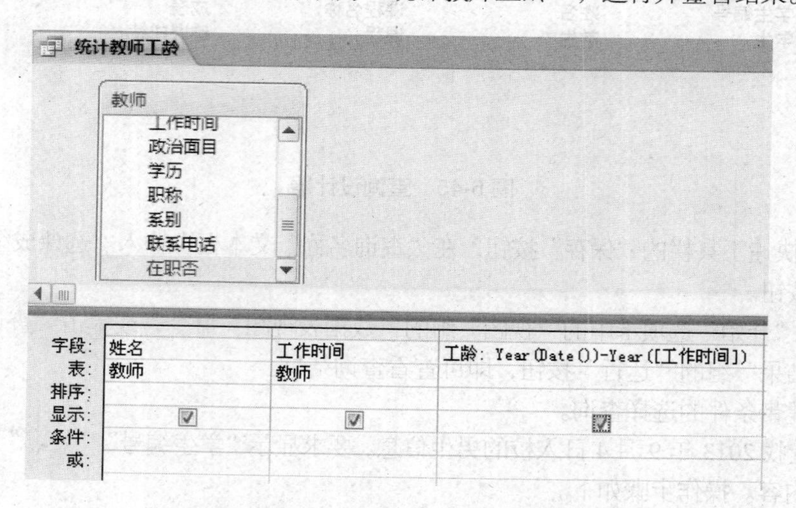

图 6-47　含有 Date()函数的计算字段查询

6.4　窗体

6.4.1　实例描述

（1）创建“成绩”窗体

（2）修改窗体，添加控件，设置窗体及常用控件属性。

6.4.2 实例指导

1. 使用“窗体”按钮创建“成绩”窗体

操作步骤如下。

① 打开“教学管理.accdb”数据库，在导航窗格中，选择作为窗体的数据源“教师”表，在功能区“创建”选项卡的“窗体”组，单击“窗体”按钮，窗体立即创建完成，并以布局视图显示，如图 6-48 所示。

② 在快捷工具栏，单击“保存”按钮，在弹出的“另存为”对话框中输入窗体的名称“教师”，然后单击“确定”按钮。

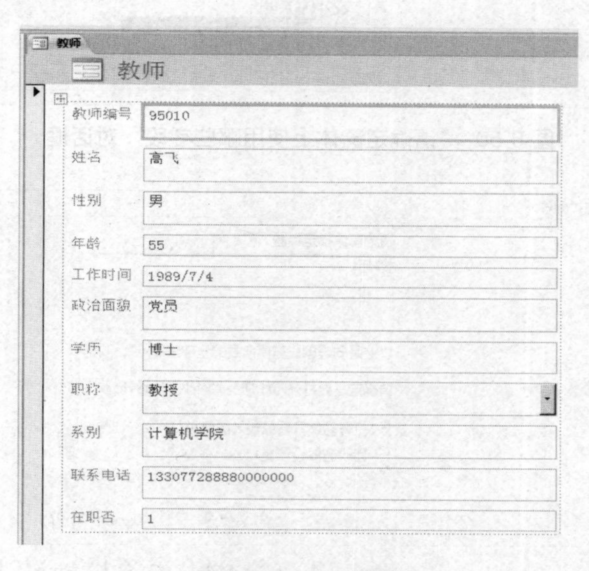

图 6-48 布局视图

2. 使用“自动创建窗体”方式，在“教学管理.accdb”数据库中创建一个“纵栏式”窗体，用于显示“教师”表中的信息

操作步骤如下。

① 打开“教学管理.accdb”数据库，在导航窗格中，选择作为窗体的数据源“教师”表，在功能区“创建”选项卡的“窗体”组，单击“窗体向导”按钮，如图 6-49 所示。

图 6-49 窗体向导按钮位置

② 打开“请确定窗体上使用哪些字段”对话框，如图 6-50 所示。在“表和查询”下拉列表中光标已经定位在所需要的数据源“教师”表，单击 >> 按钮，把该表中全部字段送到“选定字段”窗格中，单击“下一步”按钮。

③ 在打开的“请确定窗体上使用哪些字段”对话框中，选择“纵栏式”，单击“下一步”按钮。在打开的“请确定窗体上使用哪些字段”对话框中，输入窗体标题“教师 1”，选取默认设置“打开窗体查看或输入信息”，单击“完成”按钮，如图 6-51 所示。

④ 这时打开窗体视图，看到了所创建窗体的效果，如图 6-52 所示。

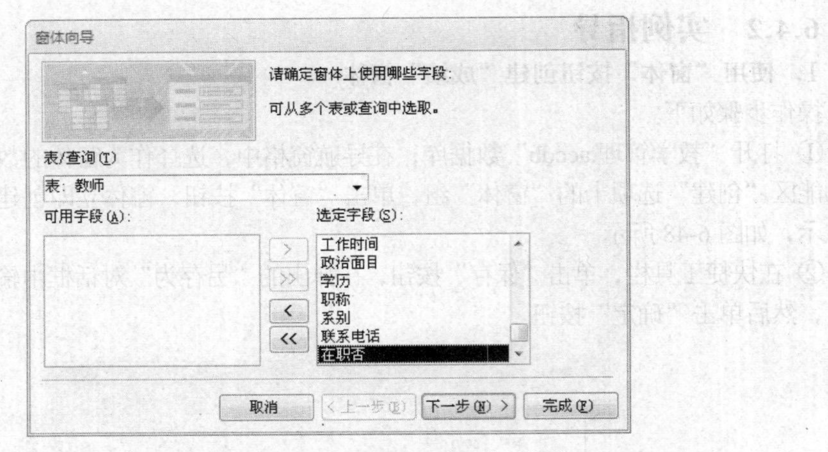

图 6-50 “请确定窗体上使用哪些字段”对话框

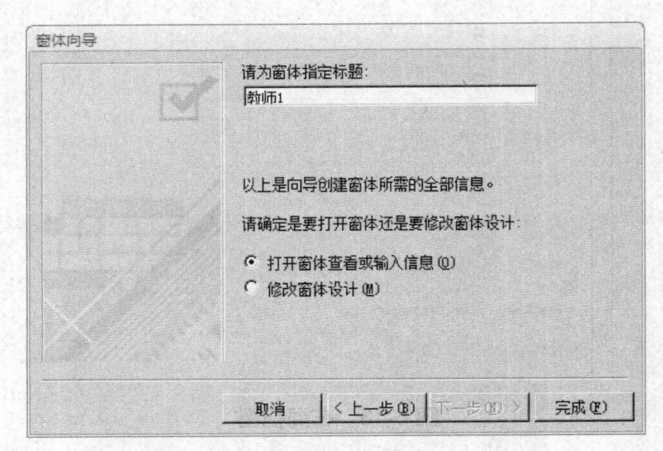

图 6-51 输入窗体标题“教师 1”

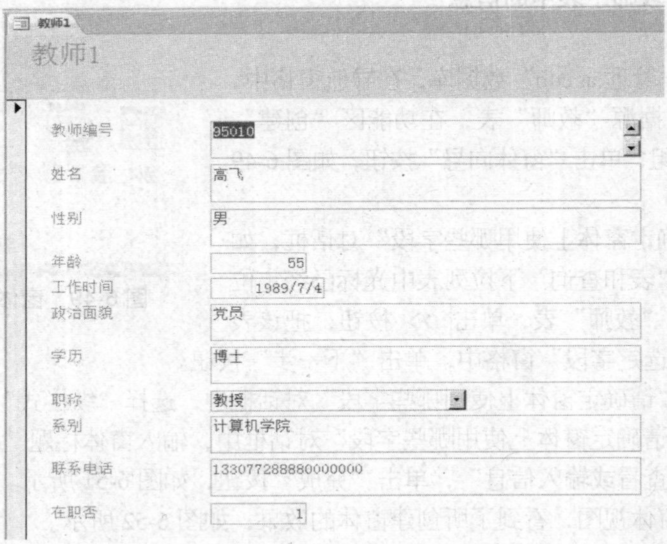

图 6-52 “纵栏式”窗体

3．使用窗体

操作步骤如下。

（1）在窗体中添加记录。

① 打开“教学管理.accdb”数据库，在导航窗格中单击“窗体”对象，双击“教师 1”，在窗体视图中打开该窗体。

② 单击窗体底部记录浏览器中的“新记录”按钮 ，屏幕上显示一个空白窗体。

③ 在空白页的第一个字段处输入新的数据，然后按【Tab】键将插入点移到下一个字段，直到所有字段的数据输入完为止。

④ 要继续添加新记录，可以重复步骤②、③。

（2）在窗体中修改记录。

① 打开“教学管理.accdb”数据库，在导航窗格中单击“窗体”对象，双击“教师 1”，在窗体视图中打开该窗体。

② 在窗体底部的记录浏览器内输入要修改记录的记录号，也可以通过单击“上一记录”按钮或者“下一记录”按钮定位到需修改的记录上。

③ 对记录中的数据进行修改，按【Tab】键可以使插入点在不同的字段间移动。

（3）在窗体中删除记录。

① 打开“教学管理.accdb”数据库，在导航窗格中单击“窗体”对象，双击“教师 1”，在窗体视图中打开该窗体。

② 在窗体底部的记录浏览器内输入要删除记录的记录号，也可以通过单击“上一记录”按钮或者“下一记录”按钮定位到需删除的记录上。

③ 单击“开始”选项卡，在“记录”组中选择“删除”命令按钮中的“删除记录”，如图 6-53 所示。

④ 当出现确认删除记录对话框时，单击“是”按钮，确认记录删除操作。

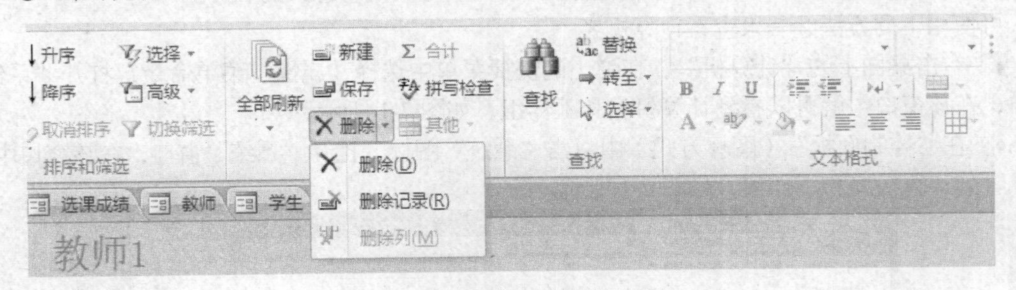

图 6-53　在窗体中删除记录

PART 7

第7章 计算机网络与应用操作实例

7.1 要求

1. 了解在 Windows 中资源共享的设置和使用方法。
2. 掌握 IE 浏览器的使用和设置方法。
3. 掌握使用 Foxmail 收发电子邮件的方法。

7.2 Windows 局域网操作

7.2.1 查看计算机名即网络标识

为使网络上的计算机被其他用户访问，连接在同一工作组中的计算机必须有一个唯一的名称以标识计算机，网络协议按照“计算机名”来标识网络中的每台计算机，当其他用户浏览网络时，他们可以看到该计算机的名称。计算机名可以是任何有意义的名称。

可使用下列方法之一来查看计算机名。

- 右击桌面上的“计算机”，在弹出的快捷菜单中选择“属性”菜单命令，打开“系统”窗口，在该窗口中就可以看到计算机名和工作组，如图 7-1 所示。
- 在“控制面板”（图标方式）中双击“系统”图标，打开“系统”窗口，在该窗口中就可以看到计算机名和工作组，如图 7-1 所示。

图 7-1 “系统”窗口

7.2.2 将计算机上的某个文件夹共享

选定要共享的文件夹（也可以是盘符），选择“文件”→“共享”→“家庭组（读取）”，或“家庭组（读取/写入）”，或“特定用户”命令。在弹出的对话框中，设置共享的用户及权限。

7.3 IE 浏览器的使用

在这里要求掌握 IE 浏览器的启动、浏览网页的方法、网页的保存及搜索引擎的使用。

7.3.1 启动 IE 浏览器

单击桌面上的 Internet 快捷方式或选择“开始”→“Internet”命令，就可以打开 Internet Explorer 窗口。另外，在“计算机”窗口或 Windows 资源管理器窗口的地址栏中直接输入要浏览的网页的地址，也可启动 IE 浏览器。

图 7-2 所示为启动 IE 浏览器后显示的网易主页。

图 7-2 网易的主页

7.3.2 跳转网页

当鼠标指针移动到窗口的一些图标或文字上时，若其指针形状变为，则单击就会跳转到与该位置关联的网页上。

如当鼠标移动到“新闻”区的“确保改革举措落地生根”上时单击，出现的这条新闻网页如图 7-3 所示。

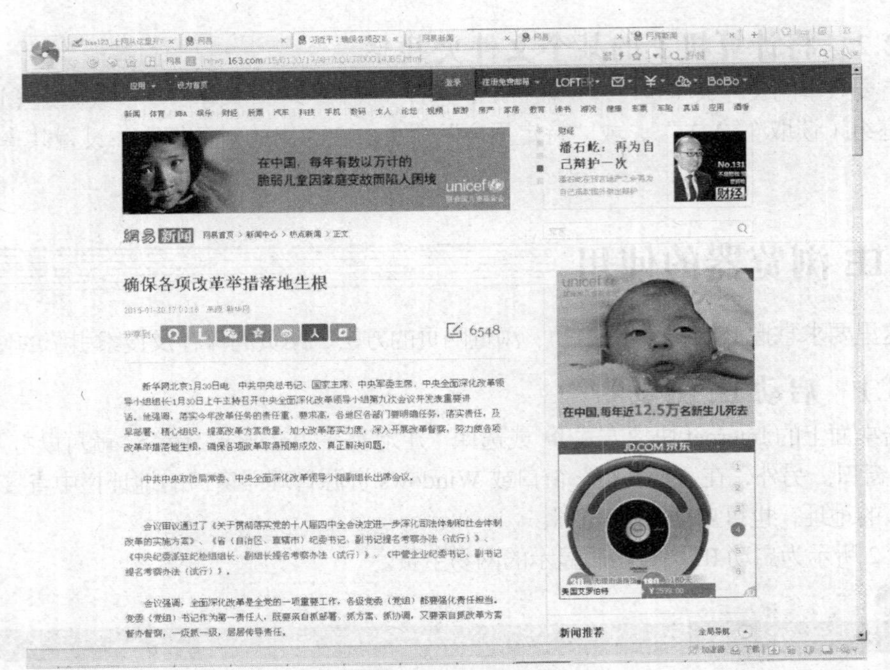

图 7-3　跳转后的网页

7.3.3　保存感兴趣的内容

若对图 7-3 中的内容感兴趣，可以把该网页保存下来。

选择“文件”→“另存为”命令，弹出“保存网页”对话框。

该对话框的操作与“保存文件”对话框的操作是类似的，选择保存网页文件的位置、文件名等。

若要保存网页上的图片，其方法是在图片上右击，在弹出的快捷菜单中选择“图片另存为”命令，在弹出的“保存图片”对话框中选择图片保存的位置和图片的名称即可。

7.3.4　搜索引擎的使用

在图 7-3 中单击“后退”按钮 ⇦后退，返回到图 7-2 所示的网页上。

网易的主页上有一个“搜索引擎”区域，利用该区域可以搜索需要的内容。实际上，目前许多网站，如雅虎（网址：http://www.yahoo.com）、搜狐（网址：http://www.sohu.com）这些门户网站都有搜索引擎，另外还有许多专门的搜索引擎网站，如谷歌（网址：http://www.google.hk）、百度（网址：http://www.baidu.com）等。其使用方法都是相同的。

1．按目录搜索

按目录搜索首先要确定将要搜索的内容属于哪一类，如要查看今天 NBA 的情况，它应当属于体育类，在图 7-2 所示的网页上单击“体育”，然后在出现的网页中，单击“NBA”，就会出现如图 7-4 所示的网页。

2．按关键字搜索

在图 7-2 所示的网页上的“搜索引擎”下的文本框中输入要搜索的内容，如“高考大纲”，然后单击“网页搜索”按钮，就会搜索出有关“高考大纲”的网站、网页信息。搜索出来后，单击打开需要的网页就可以了。

图 7-4 “NBA”网页

7.3.5 收藏夹的使用

1．将新浪主页保存在收藏夹中，并命名为“新浪首页”

进入到新浪主页，选择“收藏夹”→“添加到收藏夹”命令，这时出现的对话框如图 7-5 所示。

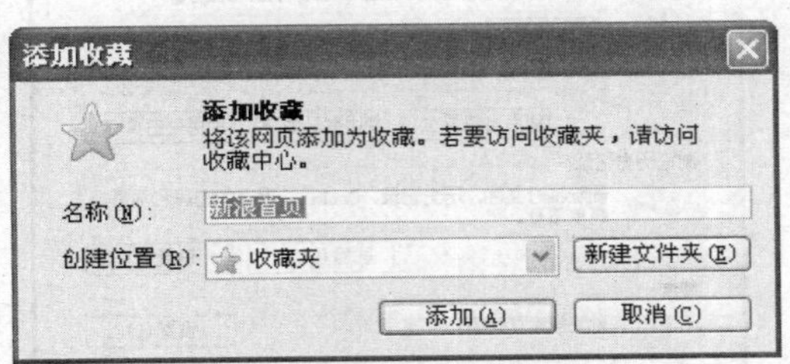

图 7-5 “添加收藏”对话框

在“添加收藏”对话框中输入收藏的名称；确定该网页要存放的文件夹，默认为“收藏夹”文件夹，若要对收藏的网页地址进行分类，可以单击“新建文件夹”按钮，在“收藏夹”文件夹下建立新的文件夹，将该网页地址存放在新建文件夹下。

2．将新浪主页上的某一指定图片保存

首先找到图片，右键单击图片，选择“属性”快捷命令，看是否为指定要保存的图片。找到图片后，右键单击图片，选择“图片另存为”命令，在弹出的“保存图片”对话框中进行操作。

3．整理收藏夹

选择“收藏夹”→“整理收藏夹”命令，弹出“整理收藏夹”对话框，如图 7-6 所示。

在“整理收藏夹”对话框中可以进行创建、移动、删除、重新命名文件夹等操作，其操作与资源管理器的操作是类似的。

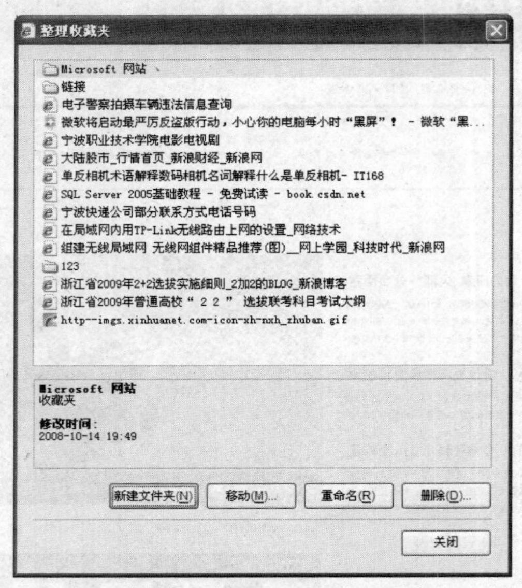

图 7-6　“整理收藏夹”对话框

7.3.6　设置 IE 浏览器

在 IE 浏览器窗口中选择“工具”→“Internet 选项”命令，弹出“Internet 选项”对话框，如图 7-7 所示。

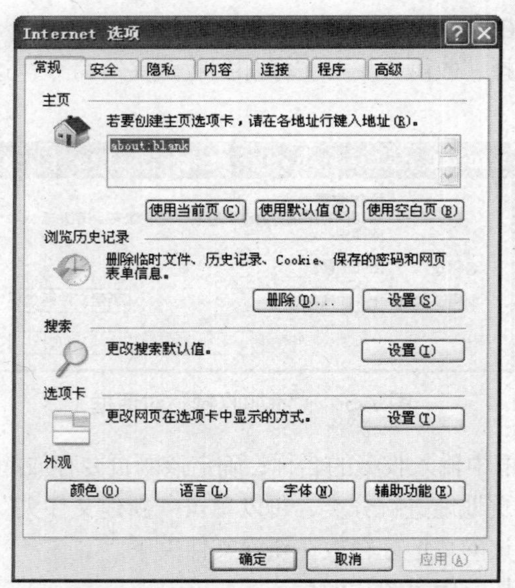

图 7-7　“Internet 选项”对话框——“常规”选项卡

1．常规特性设置

如可以设置主页为当前正在浏览的新浪体育（单击“使用当前页”按钮）、删除 Internet

浏览历史记录等。

2．**高级特性设置**

在“Internet 选项”对话框中单击“高级”选项卡，这时的对话框如图 7-8 所示。

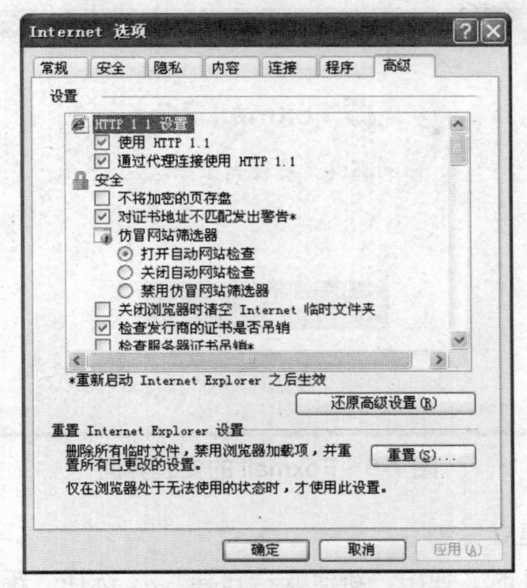

图 7-8　“Internet 选项”对话框——“高级”选项卡

在该对话框可设置下列高级特性。

- 安全。
- 多媒体。
- 辅助功能。
- 国际。
- 浏览。

7.4　用邮件客户端软件收发电子邮件

7.4.1　实例描述

邮件客户端通常是指 IMAP/POP3/SMTP 协议收发电子邮件的软件。Foxmail 是一款国产的电子邮件客户端，具有电子邮件管理功能和邮件服务器功能。

（1）Foxmail 安装与配置。

（2）Foxmail 收发电子邮件。

7.4.2　实例指导

目前广泛使用的免费邮箱服务分成两种类型：基于 Web 服务的邮箱和基于 POP3 服务的邮箱。

前者需要使用浏览器登录到邮件服务的 Web 页面才可以进行信件的收发服务。例如：http://www.sina.com.cn 或 http://www.163.com。

后者通过各种 E-mail 软件来进行，用户不必登录到邮件服务器的相关页面，只需要安装 E-mail 软件就可以完成邮件的收发。Foxmail 就是属于这一种。

1. 安装 Foxmail

可以进入 Foxmail 官方网站（http://foxmail.com.cn/）下载 Foxmail 进行安装。安装界面如图 7-9 所示。

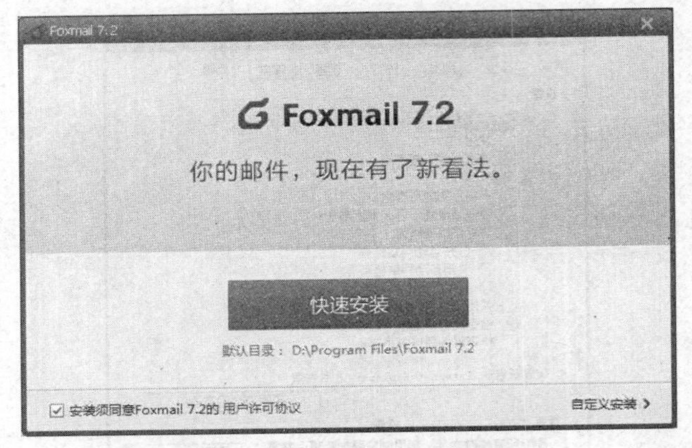

图 7-9 Foxmail 的安装界面

2. Foxmail 账号的建立

① 第一次运行 Foxmail 时，弹出“新建账号向导”， 选择“新建账号”，如图 7-10 所示。

② 在窗口中输入你的邮箱地址和密码，如图 7-11 所示。

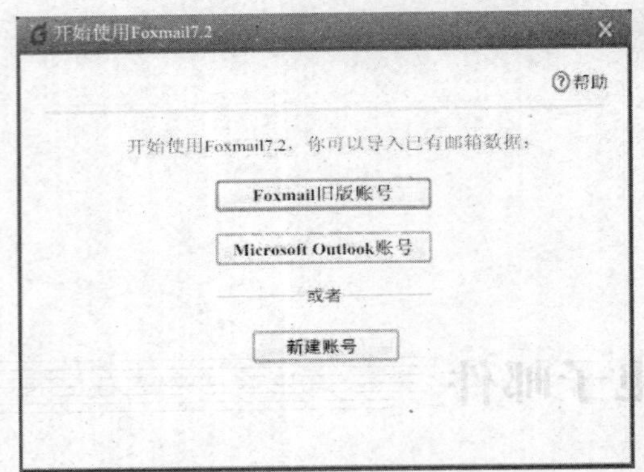

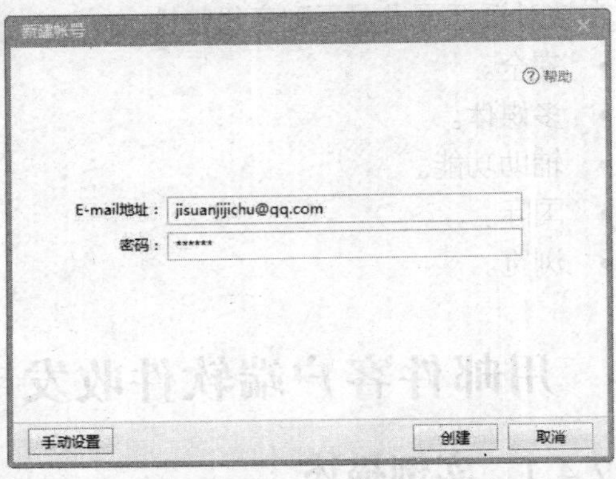

图 7-10 “新建账号向导”窗口　　图 7-11 输入 E-mail 地址和密码

③ 单击“创建”按钮，Foxmail 将测试电子邮件是否可用，如图 7-12 所示。

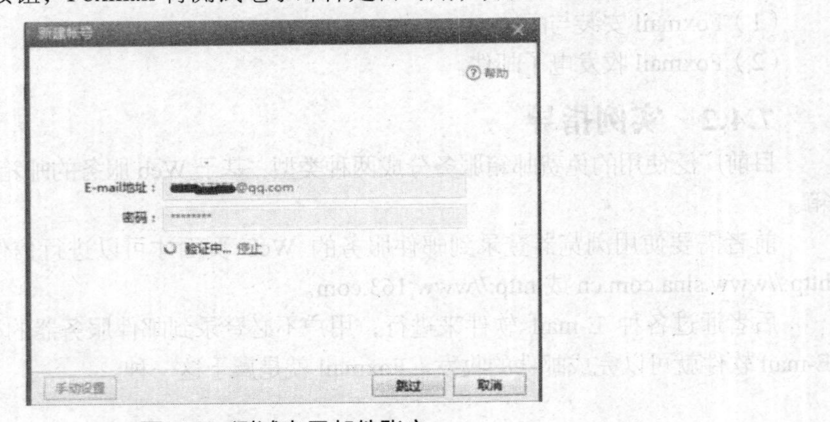

图 7-12 测试电子邮件账户

④ 账号设置成功界面如图 7-13 所示。

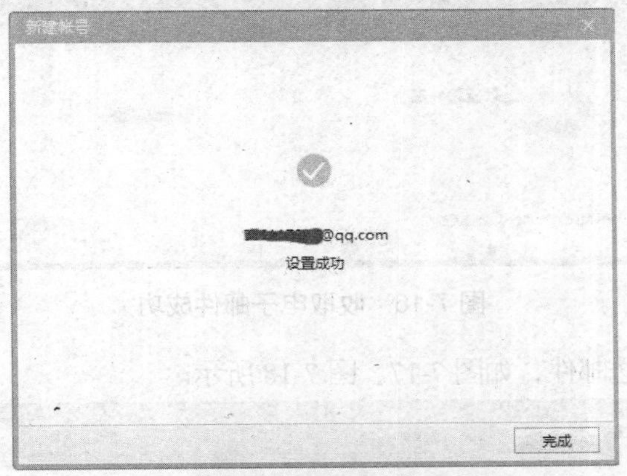

图 7-13　账号设置成功界面

3. Foxmail 的使用

（1）收取电子邮件，如图 7-14、图 7-15、图 7-16 所示。

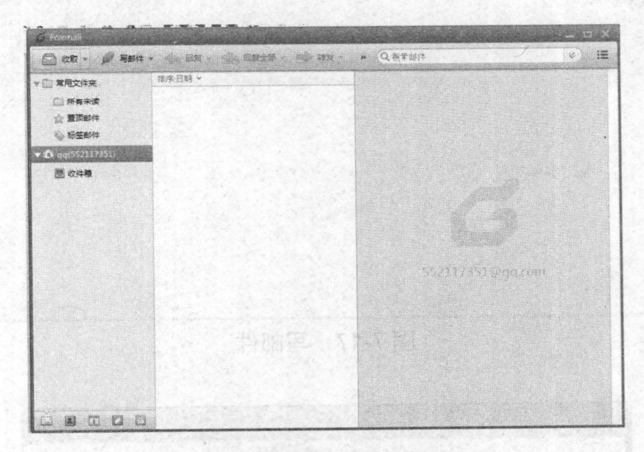

图 7-14　收取电子邮件

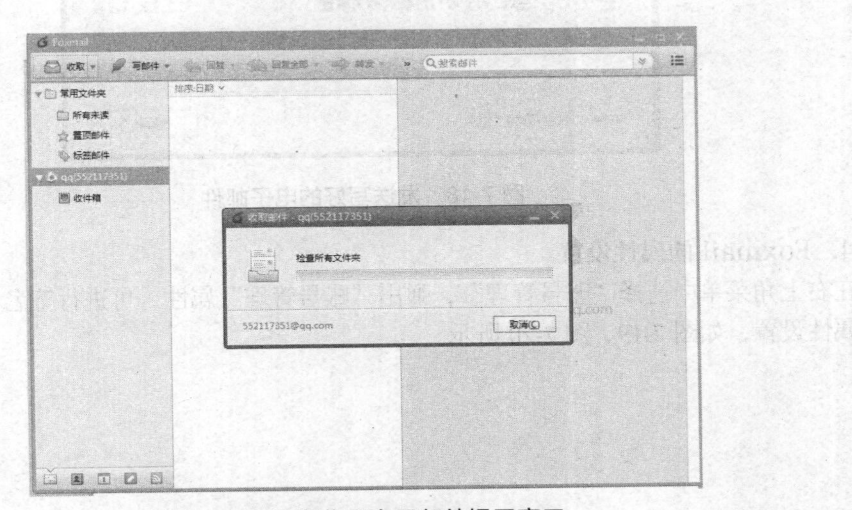

图 7-15　正在收取电子邮件提示窗口

图 7-16　收取电子邮件成功

（2）写新邮件、发送邮件，如图 7-17、图 7-18 所示。

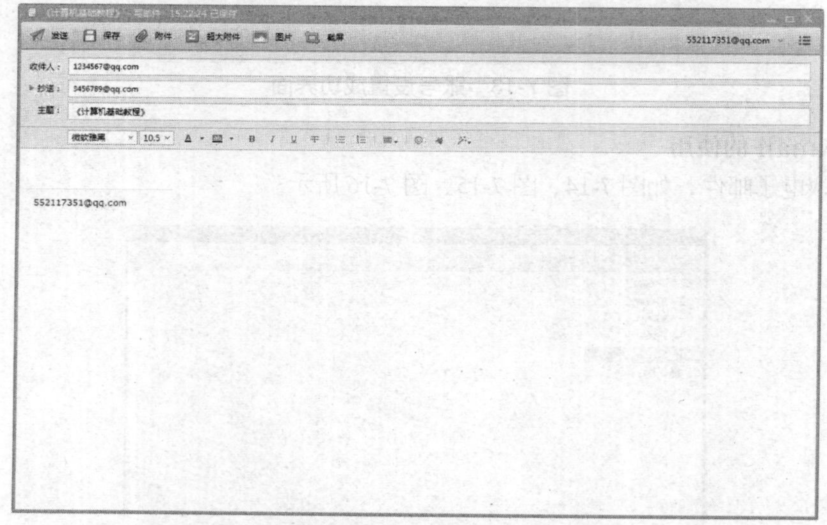

图 7-17　写邮件

图 7-18　发送写好的电子邮件

4．Foxmail 的属性设置

在右上角菜单中选择“账号管理”，弹出“账号管理”属性，可进行签名档设置、信纸设置等属性设置，如图 7-19、图 7-20 所示。

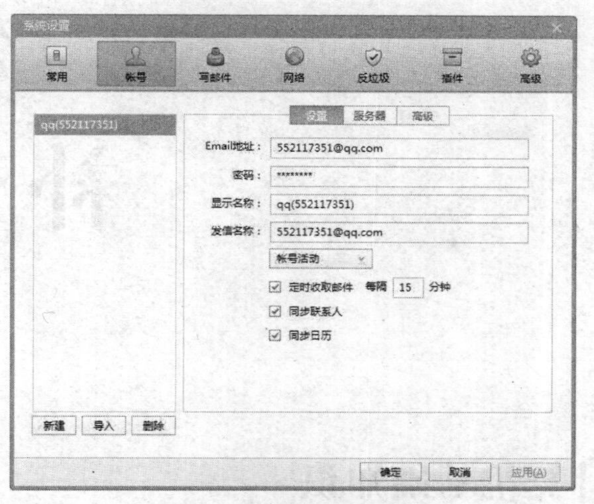

图 7-19 “账号管理”窗口

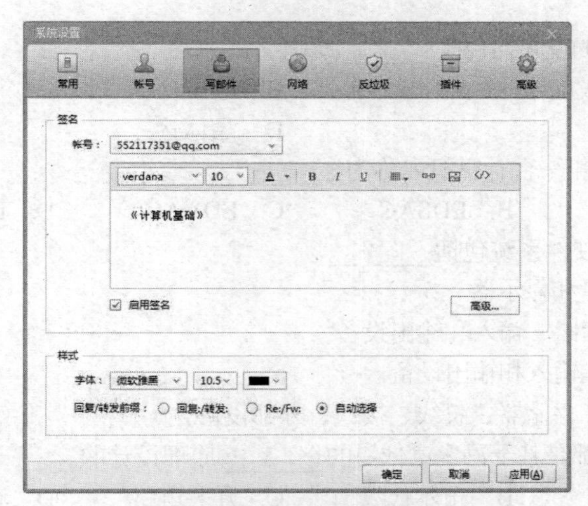

图 7-20 “签名管理”窗口

PART 8

第 8 章 补充习题

第 1～2 章　计算机基础知识

一、单选题

1. 第一代计算机的逻辑器件是________。
   A. 大规模集成电路　　B. 电子管
   C. 集成电路　　D. 晶体管
2. 1946 年诞生的第一台计算机名称为________。
   A. ENIAC　　B. EDSAC　　C. EDVAC　　D. IBMPC
3. 微型计算机的硬件系统包括________。
   A. 主机、键盘和显示器
   B. 主机、存储器、输入和输出设备
   C. 微处理器、输入和输出设备
   D. 微处理器、存储器、总线、接口、外部设备
4. 目前的计算机都是基于冯・诺依曼的________原理设计的。
   A. 二进制数　　B. 布尔代数　　C. 开关电路　　D. 存储程序
5. 以二进制和程序控制为基础的计算机结构是由________最早提出来的。
   A. 布尔　　B. 冯・诺依曼　　C. 卡诺　　D. 图灵
6. 计算机中采用二进制的主要原因是________。
   A. 二进制运算简单
   B. 二进制简单，容易学习
   C. 最早设计计算机的人随意确定的
   D. 由计算机电路所采用的器件决定，计算机采用了具有两种稳定态的二进制电路
7. 计算机的特点主要是由________确定的。
   A. 存储程序　　B. 采用的逻辑器件
   C. 总线结构　　D. 识别控制代码
8. 计算机按其性能可分为________等几种类型。
   A. 模拟计算机和数字计算机　　B. 科学计算、数据处理、人工智能
   C. 巨型、大型、中型、小型、微型　　D. 便携、台式、微型
9. 个人计算机属于________。
   A. 小巨型机　　B. 小型机　　C. 中型机　　D. 微型机

10. 国产银河计算机属于________。
   A. 巨型机　　B. 中型机　　C. 小型机　　D. 微型机
11. 微处理器（MPU）的推出时间为________年。
   A. 1946　　B. 1965　　C. 1971　　D. 1978
12. 计算机模拟高水平医学专家进行疾病诊疗的专家系统属于计算机的______应用。
   A. 科学计算　　B. 数据处理　　C. 人工智能　　D. 过程控制
13. 下列计算机应用中不属于数据处理的是________。
   A. 结构力学分析　　B. 图书检索　　C. 工资管理　　D. 人事档案管理
14. 完整的计算机系统包括________。
   A. 硬件系统和软件系统　　B. 主机和外部设备
   C. 主机和程序　　D. 人和机器
15. 计算机的发展方向是________、巨型化、网络化、智能化和多媒体化。
   A. 小型化　　B. 系列化　　C. 微型化　　D. 多样化
16. 计算机内部采用________数制。
   A. 二进制　　B. 八进制　　C. 十进制　　D. 十六进制
17. 计算机辅助教学的英文缩写为________。
   A. CAM　　B. CAD　　C. CAT　　D. CAI
18. 下列一组数中最小的数是________。
   A. $(11011001)_2$　　B. $(36)_{10}$　　C. $(37)_8$　　D. $(3A)_{16}$
19. 下列一组数中最大的数是________。
   A. $(11011001)_2$　　B. $(36)_{10}$　　C. $(37)_8$　　D. $(3A)_{16}$
20. 用8位二进制数字进行编码，最多可以得到________个编码。
   A. 255　　B. 256　　C. 512　　D. 1024
21. ASCII是________位码。
   A. 8　　B. 16　　C. 7　　D. 32
22. 在计算机中应用最普遍的字符编码是________。
   A. ASCII　　B. 机内码　　C. BCD　　D. 补码
23. 字符5的ASCII表示为________。
   A. 1100101　　B. 10100011　　C. 1000101　　D. 110101
24. 字母A的ASCII表示为________。
   A. 11000001　　B. 110001　　C. 10000001　　D. 1000001
25. 按对应的ASCII进行比较，下列说法中正确的是________。
   A. “a”比“b”大　　B. “f”比“q”大
   C. “H”比“R”大　　D. 空格比逗号小
26. 已知字母“B”的ASCII为66，则字母“K”的十六进制ASCII为________。
   A. 76　　B. 4A　　C. 4B　　D. 4C
27. $(28.25)_{10}=(\_\_\_\_\_\_\_\_)_2$
   A. 101000.11　　B. 11100.01
   C. 1011100.1011　　D. 1110.11
28. $(653.5)_{10}=(\_\_\_\_\_\_\_\_)_8$
   A. 1215.4　　B. 5121.4　　C. 549.5　　D. 945.1

29. $(327.25)_{10}$ = (________$)_{16}$
A. 741.25　B. 147.4　C. 987.4　D. 789.01
30. $(101.01011)_2$ = (________$)_{10}$
A. 5.34375　B. 51　C. 5.58　D. 51
31. $(143.1)_8$ = (________$)_{10}$
A. 99.125　B. 165.125　C. 121.1　D. 101.1
32. $(A4.F)_{16}$ = (________$)_{10}$
A. 256.F　B. 830.F　C. A5.5　D. 164.1
33. $(1011011.1)_2$ = (________$)_8$
A. 551.1　B. 552.4　C. 131.1　D. 133.4
34. $(1100100)_2$ = (________$)_{16}$
A. 64　B. 63　C. 100　D. AD
35. $(3D7.A4)_{16}$ = (________$)_2$
A. 111101111.10101　B. 111100111.1010001
C. 1110010111.1010001　D. 1111010111.101001
36. $(145.72)_8$ = (________$)_2$
A. 1100111.11101　B. 1110101.1111
C. 11001010.010111　D. 1100101.11101
37. 某公司的销售管理软件属于________。
A. 系统软件　B. 工具软件　C. 应用软件　D. 文字处理软件
38. 有一个数值 152，它与十六进制数 6A 相等，那么此数值是________。
A. 十进制数　B. 二进制数　C. 四进制数　D. 八进制数
39. 在汉字系统中，一个汉字的机内码的字节数是________。
A. 1　B. 2　C. 4　D. 8
40. 现代信息社会的主要标志是________。
A. 汽车的大量使用　B. 人口的日益增长
C. 自然环境的不断改善　D. 计算机技术的大量应用
41. 第二代计算机采用的电子器件是________。
A. 晶体管　B. 电子管
C. 中小规模集成电路　D. 超大规模集成电路
42. 微型计算机系统中的中央处理器（CPU）通常是由________组成。
A. 内存储器和控制器　B. 内存储器和运算器
C. 控制器和运算器　D. 内存储器、控制器和运算器
43. CPU 可直接读写________中的内容。
A. U 盘　B. RAM　C. 光盘　D. 硬盘
44. 微型计算机的性能主要取决于________的性能。
A. 内存储器　B. CPU　C. 外部设备　D. 外存储器
45. 巨型机指的是________。
A. 重量大　B. 体积大　C. 功能强　D. 耗电量大
46. 人工智能是让计算机能模仿人的一部分智能。下列________不属于人工智能领域中的应用。

A. 机器人　　B. 信用卡　　C. 人机对弈　　D. 机械手

47. 办公自动化（OA）是计算机的一项应用，按计算机应用分类，它属于________。

A. 数据处理　　B. 科学计算　　C. 实时控制　　D. 辅助设计

48. 下列数据中，有可能是八进制数的是________。

A. 488　　B. 317　　C. 597　　D. 189

49. 在下列媒体中，不属于存储媒体的是________。

A. 硬盘　　B. 键盘　　C. U 盘　　D. 磁带

50. 在多媒体系统中，显示器属于________。

A. 感觉媒体　　B. 表示媒体　　C. 表现媒体　　D. 传输媒体

51. 目前多媒体计算机对动态图像数据压缩常采用________格式。

A. JPEG　　B. GIF　　C. MPEG　　D. BMP

52. 所谓表现媒体，指的是________。

A. 使人能直接产生感觉的媒体　　B. 用于传输感觉媒体的中间手段

C. 感觉媒体与计算机之间的界面　　D. 用于存储表示媒体的介质

53. 多媒体信息不包括________。

A. 文字、图形　　B. 视频、音频

C. 影像、动画　　D. 光盘、声卡

54. 通常所说的 32 位机，指的是这种计算机的 CPU________。

A. 是由 32 个运算器组成的　　B. 能够同时处理 32 位二进制数据

C. 包含 32 个寄存器　　D. 一共有 32 个运算器和控制器

55. 硬盘工作时应特别注意避免________。

A. 噪声　　B. 震动　　C. 潮湿　　D. 日光

56. 下列关于存储器读写速度的排列中正确的是________。

A. RAM > Cache > 硬盘 > U 盘

B. RAM > U 盘 > 硬盘 > Cache

C. Cache > RAM > 硬盘 > U 盘

D. Cache > 硬盘 > RAM > U 盘

57. 在计算机系统中，根据与 CPU 联系的密切程度，可把存储器分为________。

A. 光盘和磁盘　　B. U 盘和硬盘

C. 内存和外存　　D. RAM 和 ROM

58. ROM 的意思是________。

A. 光盘存储器　　B. 硬盘存储器

C. 只读存储器　　D. 随机存储器

59. 下列存储器中，存取速度最快的是________。

A. 软磁盘存储器　　B. 硬磁盘存储器

C. 光盘存储器　　D. 内存储器

60. 通常以 KB、MB 或 GB 为单位来反映存储器的容量。所谓容量，指的是存储器中所包含的字节数。1KB 等于________字节。

A. 1000　　B. 1048　　C. 1024　　D. 1056

61. 主机箱上“RESET”按钮的作用是________。

A. 关闭计算机的电源　　B. 使计算机重新启动

C. 设置计算机的参数　　D. 相当于鼠标的左键

62. Mi/s 常用来描述计算机的运算速度，其含义是________。

A. 每秒钟处理百万个字符　　B. 每分钟处理百万个字符

C. 每秒钟处理百万条指令　　D. 每分钟处理百万条指令

63. PC 技术的更新主要基于________的变革。

A. 软件　　B. 微处理器　　C. 存储器　　D. 磁盘的容量

64. 在下列设备中________既属于输出设备又属于输入设备。

A. 硬盘存储器　　B. 键盘　　C. 鼠标　　D. 绘图机

65. 下面关于显示器的 4 条叙述中，有错误的是________。

A. 显示器的分辨率与微处理器的型号有关

B. 显示器的分辨率为 1024 像素 × 768 像素，表示一屏幕水平方向每行有 1024 个点，垂直方向每列有 768 个点

C. 显示卡是驱动和控制计算机显示器以显示文本、图形、图像信息的硬件装置

D. 像素是显示屏上能独立赋予颜色和高度的最小单位

66. 显示器的像素点距有 0.35、0.33、0.28 等规格，最好的是________。

A. 0.35　　B. 0.33　　C. 0.31　　D. 0.28

67. 鼠标是一种________。

A. 输出设备　　B. 存储器　　C. 运算控制单元　　D. 输入设备

68. 计算机向用户传递计算、处理结果的设备是________。

A. 输入设备　　B. 输出设备　　C. 存储设备　　D. 中央处理器

69. CD-ROM 是一种________的外存储器。

A. 可以读出，也可以写入　　B. 只能写入

C. 易失性　　D. 只能读出，不能写入

70. 在下列 4 条叙述中，正确的是________。

A. 在计算机中，汉字的区位码就是机内码

B. 在汉字国际码 GB2312-80 的字符集中，共收集了 6763 个常用汉字

C. 英文小写字母 e 的 ASCII 码为 101，英文小写字母 h 的 ASCII 码为 103

D. 存放在 80 个 24 × 24 点阵的汉字字模信息需要占用 2560 个字节

71. 机器指令是由二进制代码表示的，它能被计算机________。

A. 直接执行　　B. 解释后执行　　C. 汇编后执行　　D. 编译后执行

72. 一般把软件分为两大类：________。

A. 文字处理软件和数据库管理软件　　B. 操作系统和数据库管理系统

C. 程序和数据　　D. 系统软件和应用软件

73. PC 中通过键盘输入一段文章，该文章首先存放在主机的________中，如果希望将该文章长期保存，应以________形式存储于________中。

A. 内存、文件、外存　　B. 外存、数据、内存

C. 内存、字符、外存　　D. 键盘、文字、打印机

74. 所谓感觉媒体，指的是________。

A. 传输中电信号和感觉媒体之间转换所用的媒体

B. 能直接作用于人并让人产生感觉的媒体

C. 用于存储表示媒体的介质

D. 将表示媒体从一处传送到另一处的物理载体

75. CPU中的运算器的主要功能是________。
A. 负责读取并分析指令　B. 算术运算和逻辑运算
C. 指挥和控制计算机的运行　D. 存放运算结果

76. 以下计算机系统的部件，________不属于外部设备。
A. 键盘　B. 打印机　C. 中央处理器　D. 硬盘

77. 计算机一旦断电后，________中的信息会丢失。
A. 硬盘　B. U盘　C. RAM　D. ROM

78. 操作系统是________的接口。
A. 用户与软件　B. 系统软件与应用软件
C. 主机与外设　D. 用户与计算机

79. 为达到某一目的而编制的计算机指令序列称为________。
A. 软件　B. 字符串　C. 程序　D. 命令

80. 计算机语言的发展经历了________。
A. 高级语言、汇编语言和机器语言　B. 高级语言、机器语言和汇编语言
C. 机器语言、高级语言和汇编语言　D. 机器语言、汇编语言和高级语言

81. 在计算机中，正在执行的程序的指令主要存放在________中。
A. CPU　B. 磁盘　C. 内存　D. 键盘

82. 内存储器信息的特点是________。
A. 存储的信息永不丢失，但存储容量相对较小
B. 存储信息的速度极快，但存储容量相对较小
C. 关机后存储的信息将完全丢失，但存储信息的速度不如U盘
D. 存储信息的速度快，存储的容量极大

83. 在下列设备中，________不能作为微型计算机的输出设备。
A. 绘图仪　B. 显示器　C. LQ-1600K打印机　D. 扫描仪

84. 计算机内存中每个基本单元，都被赋予一个唯一的序号，称为________。
A. 地址　B. 字节　C. 编号　D. 容量

85. 计算机的存储系统通常分为________。
A. 内存储器和外存储器　B. U盘和硬盘
C. ROM和RAM　D. 内存和硬盘

86. 下列有关信息的描述正确的是________。
A. 只有以书本的形式才能长期保存信息
B. 数字信号比模拟信号易受干扰而导致失真
C. 计算机以数字化的方式对各种信息进行处理
D. 信息的数字化技术已初步被模拟化技术所取代

87. 在计算机语言方面，第一代计算机主要使用________。
A. 机器语言　B. 高级程序设计语言
C. 数据库管理系统　D. BASIC和FORTRAN

88. 计算机的内存储器简称内存，它是由________构成的。
A. 随机存储器和U盘　B. 随机存储器和只读存储器
C. 只读存储器和控制器　D. U盘和硬盘

89. PC在工作中，电源突然中断，则________全部丢失。

A. ROM和RAM中的信息　　B. RAM中的信息

C. ROM中的信息　　D. RAM中的部分信息

90. 下列有关信息的描述不正确的是________。

A. 模拟信号能够直接被计算机处理

B. 声音、文字、图像都是信息的载体

C. 调制解调器能将模拟信号转化为数字信号

D. 计算机以数字化的方式对各种信息进行处理

91. 一台微型计算机为PentiumⅢ500/128MB/30GB，这里PentiumⅢ500表示的是________。

A. 微型计算机的品牌和CPU的主频

B. 微型计算机的品牌和内存的容量

C. CPU的型号和主频

D. CPU的型号和运算速度

92. 构成计算机的电子和机械的物理实体称为________。

A. 主机　　B. 外部设备

C. 计算机系统　　D. 计算机硬件系统

93. USB是指________。

A. 工业标准体系结构总线　　B. 扩展的工业标准体系结构总线

C. 通用串行总线　　D. 多功能总线

94. 在计算机中BUS是指________。

A. 总线　　B. 基础用户系统

C. 大型联合用户　　D. 公共汽车

95. 显示器的重要技术指标是________。

A. 对比度　　B. 灰度　　C. 分辨率　　D. 色彩

96. 速度快、分辨率高的打印机类型为________打印机。

A. 非击打式　　B. 激光式　　C. 击打式　　D. 点阵式

97. 反映计算机存储容量的基本单位是________。

A. 二进制位　　B. 字节　　C. 字　　D. 字长

98. 计算机中位的英文名字为________。

A. bit　　B. Byte　　C. Unit　　D. word

99. 所谓“裸机”是指________。

A. 单片机　　B. 单板机

C. 只装备操作系统的计算机　　D. 不装备任何软件的计算机

100. 计算机唯一能够直接识别和处理的语言是________。

A. 机器语言　　B. 汇编语言　　C. 高级语言　　D. 低级语言

101. 高级语言程序的编译执行方式是________。

A. 逐条语句，边解释边执行，即解释一条语句就执行一条语句

B. 将整个程序编译完成后再执行，且不生成目标程序

C. 将源程序编译成机器语言的目标程序，然后执行，生成并保留目标程序

D. 将整个程序解释完毕再执行，且保留解释结果

102. 计算机能直接执行的程序是________。
A. 源程序 B. 机器语言程序
C. 高级语言程序 D. 汇编语言程序

103. 计算机软件是________的集合。
A. 程序、数据、文档 B. 程序和数据
C. 数据和文档 D. 程序

104. 软件可分为系统软件和________软件。
A. 高级 B. 计算机 C. 应用 D. 通用

105. 以下属于系统软件的是________。
A. 公式编辑器 B. 电子表格软件
C. 查计算机病毒程序 D. 语言处理系统

106. 在计算机中媒体是指________。
A. 各种信息和数据的编码 B. 存储和传播信息的载体
C. 各种数据的载体 D. 打印信息的载体

107. CD-ROM 驱动器的主要性能指标是数据的________。
A. 压缩率 B. 读取速率 C. 频率 D. 存储容量

108. 下列不属于多媒体计算机硬件设备的有________。
A. 图像设备 B. 语音编码
C. 多媒体 I/O 设备 D. 视频卡

109. 计算机工作最重要的特征是________。
A. 高速度 B. 高精度
C. 存储程序和程序控制 D. 记忆力强

110. 多媒体技术发展的基础是________。
A. 数据库与操作系统的结合
B. 通信技术、数字化技术和计算机技术的结合
C. CPU 的发展
D. 通信技术的发展

二、判断题

1. 计算机是信息加工的电子设备。 ( )
2. 任何计算机都有记忆能力，其中的信息不会丢失。 ( )
3. PC 属于微型计算机，工作站属于小型计算机。 ( )
4. 微型计算机同一个时间内只能由一个人来操作。 ( )
5. 微型计算机的主要特点是体积小、价格低。 ( )
6. 计算机只能存储二进制数。 ( )
7. 计算机中采用二进制仅仅是为了计算简单。 ( )
8. 字符“H”的 ASCII 码值为 72，其十六进制值为 48。 ( )
9. ASCII 是对数字进行编码，它的用途是进行十进制的运算。 ( )
10. 巨型机的主要特点是体积大、价格贵。 ( )
11. Mi/s 是计算机运算速度的度量单位。 ( )
12. 数据处理包括数据的收集、存储、加工和输出等，而数值计算是指完成数值型数据的

科学计算。

13. 会计电算化属于科学计算方面的应用。 ( )

14. 实时控制就是用计算机做计时时钟的控制。 ( )

15. MIS 是信息管理系统的简称。 ( )

16. 字长是指计算机能同时处理的二进制信息的位数。 ( )

17. 主频越高，计算机的运行速度就越高。 ( )

18. 进位计数制中每一位上的“权”和数符的乘积决定了该位上数值的大小。 ( )

19. 任何数制中的基数都是相同的。 ( )

20. 在汉字系统中，我国国标汉字一律是按拼音顺序排列的。 ( )

21. 汉字键盘输入方案有许多种，但按编码原理，主要分为数码（顺序码）、音码、形码和音形码 4 类。 ( )

22. 同一个汉字的输入码虽然是各种各样的，但是经过转换后存入计算机内的两个字节的内码却是唯一的。 ( )

23. 计算机中的字符，一般采用 ASCII 编码方案。若已知“H”的 ASCII 码值为 48H，则可以推断出“J”的 ASCII 码值为 50H。 ( )

24. 与科学计算（或称数值计算）相比，数据处理的特点是数据输入输出量大，而计算相对简单。 ( )

25. 二进制数的逻辑运算是按位进行的，位与位之间没有进位和借位的关系。 ( )

26. 常用字符的 ASCII 码值从小到大的排列规律是：空格、阿拉伯数字、小写英文字母、大写英文字母。 ( )

27. 电子计算机的发展目前已经经历了四代，其中第一代电子计算机并不是按照存储程序和程序控制原理设计的。 ( )

28. 标准 ASCII 码在计算机中的表示方式为一个字节，最高位为“0”，汉字编码在计算机中的表示方式为一个字节，最高位为“1”。 ( )

29. 实现汉字字型表示的方法，一般可分为点阵式与矢量式两大类。 ( )

30. 计算机能够自动、准确、快速地按人们的意图进行运行的最基本思想是存储程序和程序控制，这个思想是图灵提出来的。 ( )

31. 用机器语言编写的程序执行速度慢，而用高级语言编写的程序执行速度快。 ( )

32. 指令是指示计算机执行某种操作的命令。 ( )

33. 操作码提供的是操作控制信息，指明计算机应执行的操作。 ( )

34. 地址码提供参加操作的数据存放地址，这种地址称为操作数地址。 ( )

35. KB、MB、GB 和 TB 是度量计算机存储容量的单位。 ( )

36. 高速缓存存储器（Cache）是用于 CPU 与主存储器之间进行数据交换的缓冲，其特点是速度快，但容量小。 ( )

37. 汇编语言中的语句与计算机指令相对应。 ( )

38. 计算机语言是计算机能够直接执行的语言。 ( )

39. 冯·诺依曼计算机结构就是指计算机是由控制器、运算器、存储器、输入设备和输出设备构成的。 ( )

40. 系统软件就是软件系统。 ( )

41. 计算机的硬件和软件系统是相互依存、互相支持的，硬件的某些功能可以用软件来实现，反过来也是一样的。 ( )

42. JPEG 是多媒体计算机中的动态图像压缩标准。 ( )

43. 具有多媒体功能的计算机称为多媒体计算机。 ( )

44. 计算机区别于其他计算工具的本质特点是可以存储数据和程序。 ( )

45. CD-ROM 即可代表 CD-ROM 光盘，也可指 CD-ROM 驱动器。 ( )

46. 音箱是多媒体计算机中的输出设备。 ( )

47. 微型计算机就是体积很小的计算机。 ( )

48. 根据传递信息的种类不同，系统总线可分为地址线、控制线和数据线。 ( )

49. 只要运算器具有加法和移位功能，再增加一些控制逻辑，计算机就能完成各种算术运算。 ( )

50. ROM 是只读存储器，其中的内容只能读出一次，下次再读就读不出来了。 ( )

51. 只读存储器是专门用来读出内容的存储器，但在每次加电开机前，必须由系统为它写入内容。 ( )

52. 任何存储器都有记忆能力，其中的信息不会丢失。 ( )

53. 就存取速度而言，内存比硬盘快，硬盘比 U 盘快。 ( )

54. 磁盘的根目录只有一个，用户不可以自行定义。 ( )

55. 同一张磁盘上不允许出现同名文件。 ( )

56. 运算器只能运算，不能存储信息。 ( )

57. CD-ROM 是一种可读可写的外存储器。 ( )

58. 个人计算机上【Ctrl】键是起控制作用的，它必须与其他键同时按下才能起作用。 ( )

59. 只要按住【Shift】键，再按下任意一个英文字母键，则输入的就一定是一个大写英文字母。 ( )

60. 键盘是输入设备，但显示器上所显示的内容既有计算机运行的结果也有用户从键盘输入的内容，所以显示器既是输入设备又是输出设备。 ( )

61. 通常硬盘安装在主机箱内，因此它属于内存。 ( )

62. 控制器的主要功能是自动产生控制命令。 ( )

63. 程序一定要装到内存储器中才能运行。 ( )

64. 运算器由 ALU、寄存器组和运算控制电路组成。 ( )

65. 指令和数据在计算机内部都是以区位码形式存储的。 ( )

66. 计算机指令是 CPU 进行操作的命令。 ( )

67. 汇编语言之所以属于低级语言是由于用它编写的程序执行效率不如高级语言。 ( )

68. 当 U 盘正在读写数据时，不要将 U 盘从 USB 接口中拔出来。 ( )

69. 硬盘驱动器属于主机，硬盘属于外设。 ( )

70. 多媒体的实质是将不同形式存在的媒体信息（文本、图形、图像、动画和声音）数字化，然后用计算机对它们进行组织、加工并提供给用户使用。 ( )

71. 多媒体技术最主要的特征是集成性和交互性。 ( )

72. 多媒体计算机就是安装了光盘驱动器、音频卡和视频卡的微型计算机。 ( )

73. 由于多媒体信息量巨大，因此，多媒体信息的压缩与解压缩是多媒体技术中最为关键

的技术之一。（ ）

74. 数据压缩比越高，压缩技术的效率越高。（ ）

75. MIDI 文件和 WAV 文件都是计算机的音频文件。（ ）

76. Pentium 是微型计算机的品种。（ ）

77. 计算机主机就是指装在主机箱中的部件。（ ）

78. 外部设备是指所有的输入设备和输出设备，硬盘应该属于内存。（ ）

79. 40 倍速光驱的含义是指该光驱的速度为硬盘驱动器速度的 40 倍。（ ）

80. AVI 是指音频、视频交错文件格式。（ ）

81. CPU 能从它所管理的随机存储器的任意存储地址读出和写入内容。（ ）

82. IT 行业有一条法则恰如其分地表达了“计算机功能、性能提高”的发展趋势。这就是美国 Intel 公司的创始人摩尔提出的“摩尔法则”。（ ）

83. 显示系统包括监视器、显示卡和显示驱动程序。（ ）

84. 显示器的主要技术指标是像素。（ ）

85. 显示器的一项重要性能指标“点距”是指屏幕上相邻两个同色像素单元之间的距离。（ ）

86. 鼠标完全可代替键盘。（ ）

87. 决定计算机运算速度的是每秒钟能执行指令的条数。（ ）

88. 主存储器用于存储当前运行时所需要的程序和数据，其特点是存取速度快，但与辅助存储器相比，其容量小、价格高。（ ）

89. 主频（或称时钟频率）是影响微机运算速度的重要因素之一。主频越高，运算速度越快。（ ）

91. 磁盘的工作受磁盘控制器的控制，而不受主机的控制。（ ）

92. 静态 RAM 与 CPU 之间交换数据的速度高于动态 RAM，所以一般作为高速缓冲存储器。（ ）

93. 操作系统把刚输入的数据或程序存入 RAM 中，为了防止信息丢失，用户在关机前，要将信息保存到 ROM 中。（ ）

94. 操作系统是合理地组织计算机工作流程，有效地管理系统资源，方便用户使用的程序集合。（ ）

95. 磁盘上每个扇区中存放的信息量是相等的，但扇区的物理空间是不相等的。（ ）

96. 各种存储器的主要性能指标用存取周期、读/写时间来描述。（ ）

97. 磁盘必须格式化后才能使用，凡是在一种计算机上格式化过的 U 盘可在任何类型的计算机上使用。（ ）

98. 外存的容量通常比内存大。（ ）

99. 字长是衡量计算机精度和运算速度的主要技术指标之一。（ ）

100. 喷墨打印机比点阵式打印机声音小，是所有打印机中价格最贵的。（ ）

101. CD-ROM 是一次性可写入光盘。（ ）

102. 打印机的主要技术指标是印字质量、速度和噪声。（ ）

103. 喷墨打印机有彩色打印功能。（ ）

104. 操作系统是计算机系统中最外层的软件。（ ）

105. 如果没有软件计算机是不能工作的。（ ）

106. 软件是程序和文档的集合，而程序是由语言编写的，语言的最终支持是指令。（　）

107. 把 C 语言编制的源程序转换为目标程序，必须经过解释程序才能完成。（　）

108. 数据库语言属于高级语言的一种。（　）

109. 软件的作用是扩大计算机的应用范围。（　）

110. 编译程序是将源程序翻译成目标程序的程序。（　）

第 3 章　Windows 7 操作系统

一、单选题

1. Windows 7 是一个________操作系统。
   A. 单任务单用户　B. 单任务多用户
   C. 多用户多任务　D. 多用户单任务

2. 桌面上的任务栏位于________。
   A. 只能在屏幕的底部　B. 可以在屏幕的左边
   C. 可以在屏幕的右边　D. 可以在屏幕的四周

3. 对任务栏错误的描述是________。
   A. 任务栏的位置大小均可以改变
   B. 任务栏不可隐藏
   C. 任务栏上显示的是已打开的文档或运行的应用程序图标
   D. 任务栏的尾端可添加图标

4. 当鼠标位于窗口的左右边界，鼠标指针变为“↔”时，可进行的操作是________。
   A. 横向改变窗口的大小　B. 移动窗口
   C. 纵向改变窗口的大小　D. 向窗口中插入图片

5. 下列叙述中正确的是________。
   A. 对话框可以改变大小，可以移动位置
   B. 对话框只能改变大小，不能移动位置
   C. 对话框只能移动位置，不能改变大小
   D. 对话框不可以改变大小，也不能移动位置

6. 下列________符号不可能出现在菜单命令中。
   A. ●　B. √　C. ▲　D. ▸

7. 当运行多个应用程序时，屏幕上显示的是________。
   A. 第一个程序窗口　B. 最后一个程序窗口
   C. 系统的当前窗口　D. 多个窗口的叠加

8. 在 Windows 中文件夹是指________。
   A. 文档　B. 程序　C. 磁盘　D. 目录

9. 关于文件夹正确的说法有________。
   A. 不能在桌面上创建文件夹
   B. 不能在 U 盘上创建文件夹

C. 无法在资源管理器中创建文件夹

D. 在文件的“另存为”对话框中可以创建文件夹

10. 对菜单的操作可以使用键盘和________。

A. 命令　　B. 会话方式　　C. DOS 命令　　D. 鼠标

11. 在 Windows 中启动应用程序的正确操作是________。

A. 将应用程序图标最大化为窗口

B. 用键盘输入应用程序名

C. 双击该应用程序图标

D. 将应用程序图标拖动到窗口的最上方

12. 将应用程序窗口最小化之后，则该应用程序________。

A. 停止运行　　B. 在后台运行

C. 暂时被挂起来　　D. 出错

13. 复制当前窗口到剪切板的快捷键为________。

A. 【Alt】+【Esc】组合键　　B. 【Alt】+【Tab】组合键

C. 【Alt】+【PrintScr】组合键　　D. 【Alt】+【Space】组合键

14. 在菜单操作时，菜单后面的带下划线的大写字母表示该菜单可通过按________键+该字母激活。

A. 【Alt】　　B. 【Ctrl】　　C. 【Shift】　　D. 【Space】

15. 画图程序在________。

A. “控制面板”的“系统”中　　B. “控制面板”的“显示”中

C. “所有程序”的“附件”中　　D. “程序”的“应用程序”中

16. 选定文本后，要将其剪切使用的快捷键是________。

A. 【Ctrl】+【X】组合键　　B. 【Ctrl】+【V】组合键

C. 【Ctrl】+【C】组合键　　D. 【Ctrl】+【A】组合键

17. 选定文本后，将其复制使用的快捷键是________。

A. 【Ctrl】+【X】组合键　　B. 【Ctrl】+【V】组合键

C. 【Ctrl】+【C】组合键　　D. 【Ctrl】+【A】组合键

18. 将剪贴板上的内容粘贴到当前光标处，使用的快捷键是________。

A. 【Ctrl】+【X】组合键　　B. 【Ctrl】+【V】组合键

C. 【Ctrl】+【C】组合键　　D. 【Ctrl】+【A】组合键

19. Windows 在窗口提供了联机帮助的功能，按________键可以查看与该窗口操作有关的帮助信息。

A. 【F1】　　B. 【F2】　　C. 【F3】　　D. 【F4】

20. 在 Windows 中，下列叙述正确的是________。

A. 利用鼠标拖动对话框的边框可以改变对话框的大小

B. 利用鼠标拖动窗口边框可以移动对话框

C. 一个窗口最大化之后不能再移动

D. 一个窗口最小化之后不能还原

21. 关闭窗口不正确的做法是________。

A. 单击按钮☒　　B. 选择“文件”→“关闭”命令

C. 右击任务栏中的文件，选择“退出”　　D. 单击按钮▬

22. 撤销上一次操作命令的方法是________。

A. 【Ctrl】+【X】组合键　　B. 【Ctrl】+【V】组合键

C. 【Ctrl】+【Z】组合键　　D. 【Ctrl】+【A】组合键

23. 在 Windows 中，下列文件命名不合法的是________。

A. name_1　　B. 123.dat　　C. my*disk　　D. about abc.doc

24. 假如安装的是第一台打印机，那么它被指定为________打印机。

A. 本地　　B. 网络　　C. 默认　　D. 普通

25. 在"资源管理器"窗口中正确选定多个文件或文件夹的操作是________。

A. 按住【Alt】键，然后单击要选定的文件或文件夹

B. 按【Ctrl】+【Alt】组合键，选定窗口中的所有文件或文件夹

C. 选定一组相邻的文件，拖动鼠标，将要选定的文件框在一个矩形框内

D. 按【F4】键可以选定窗口中的所有文件或文件夹

26. 下列关于快捷方式的说法中，错误的是________。

A. 可以使用快捷方式作为打开程序的捷径

B. 快捷方式的图标可以更改

C. 无法给文件夹创建快捷方式

D. 可以在桌面上创建打印机的快捷方式

27. 恢复最小化的窗口的操作是________。

A. 单击该图标　　B. 双击该图标

C. 使用"还原"命令　　D. 使用退出命令

28. Windows 中的即插即用是指________。

A. 在设备测试中帮助安装和配置设备

B. 使操作系统更易使用，配置和管理设备

C. 系统状态动态改变后以事件方式通知其他系统组件和应用程序

D. 以上都对

29. 下列按钮中________是不可能同时有效的。

A. □/🗗　　B. □/✕　　C. _/🗗　　D. _/✕

30. 在对话框中，复选框是指在所列的选项中________。

A. 仅选一项　　B. 可以选多项　　C. 必须选多项　　D. 选全部项

31. 窗口"平铺"命令的作用是________。

A. 顺序编码　　B. 层层嵌套　　C. 折叠起来　　D. 并排排列

32. 记事本应用程序建立的文件类型为________。

A. Word 类型　　B. 记事本类型　　C. 文本类型　　D. Windows 类型

33. 对话框中的单选按钮选定后，在该按钮左侧的符号是________。

A. ☑　　B. ⊡　　C. ⊙　　D. ☑

34. 选择窗口系统菜单中的"移动"菜单命令后，鼠标形状变为________。

A. ↔　　B. ✥　　C. ⧗　　D. ?

35. Windows 的文件夹组织结构是一种________。

A. 表格结构　　B. 树型结构　　C. 网状结构　　D. 线型结构

36. 选择“开始”→“所有程序”→“附件”→“运行”命令后弹出“运行”对话框，该对话框中的“打开”下拉式列表框列出了________。

A. 最近几次保存的程序名
B. 磁盘上所有可执行的程序名
C. 最近几次使用该对话框启动的程序名
D. 已启动的程序名

37. 任务栏中存放的是________。

A. 系统正在运行的所有程序
B. 系统保存的所有程序
C. 系统前台运行的程序
D. 系统后台运行的程序

38. 不能打开“Windows 资源管理器”的操作是________。

A. 右键单击“计算机”图标，从弹出的快捷菜单中选择“打开”命令
B. 右键单击“我的文档”，从弹出的快捷菜单中选择“打开”命令
C. 打开“计算机”窗口
D. 单击菜单，从弹出的菜单中选择

39. 不能进行中英文输入法切换的操作是________。

A. 单击中英文切换按钮
B. 按【Ctrl】+【Space】组合键
C. 用输入法指示器菜单
D. 按【Shift】+【Space】组合键

40. 回收站是________。

A. 内存中的一块区域
B. 硬盘中的一块区域
C. U 盘上的一块区域
D. Cache 中的一块区域

41. 下列关于回收站的说法中正确的是________。

A. 放到回收站中的文件可再恢复
B. 无法恢复回收站中的单个文件
C. 无法恢复回收站中的多个文件
D. 对删除的文件夹，在回收站中显示该文件夹及其内容

42. 下列图标中代表文件夹的图标为________。

A.　B.　C.　D.

43. 下列图标中代表文本文件的图标为________。

A.　B.　C.　D.

44. 下列________按钮为还原按钮。

A.　B.　C.　D.

45. 激活控制菜单的方法是________。

A. 单击窗口标题栏的应用程序图标
B. 双击窗口标题栏的应用程序图标
C. 单击窗口标题栏的应用程序名称
D. 双击窗口标题栏的应用程序名称

46. 下列选项中________不是文件的属性。

A. 只读　B. 隐藏　C. 图形　D. 存档

47. 撤销按钮是________。

A.　B.　C.　D.

48. Windows 任务管理器不可用于________。

A. 启动应用程序
B. 修改文件属性
C. 切换当前应用程序窗口
D. 结束应用程序运行

49. 在 Windows 中，剪贴板是指________。

A. 硬盘上的一块区域　　B. U 盘上的一块区域

C. 内存中的一块区域　　D. 高速缓存中的一块区域

50. 在某个文档窗口中，已经进行了剪贴操作，当关闭了该文档窗口后，剪贴板中的内容为________。

A. 第一次剪贴的内容　　B. 最后一次剪贴的内容

C. 所有剪贴的内容　　D. 空白

51. 鼠标“双击”是指________。

A. 快速单击鼠标右键两次　　B. 快速单击鼠标左键两次

C. 同时单击鼠标左键和右键　　D. 单击两下空格键

52. 在 Windows 中，系统菜单图标在窗口的________。

A. 左上角　　B. 左下角　　C. 右上角　　D. 右下角

53. 在 Windows 中，打开一个窗口的系统菜单的快捷键是________。

A. 【Ctrl】+【Esc】组合键　　B. 【Ctrl】+【Space】组合键

C. 【Alt】+【Esc】组合键　　D. 【Alt】+【Space】组合键

54. 单击“开始”按钮后，会看到“开始”菜单中包含的一组命令，其中“所有程序”项的作用是________。

A. 显示可运行程序的清单　　B. 表示要开始编写的程序

C. 表示开始执行程序　　D. 可以设置口令

55. 有关 Windows 屏幕保护程序的说法，不正确的是________。

A. 它可以减少屏幕的损耗　　B. 它可以保障系统安全

C. 它可以节省计算机内存　　D. 它可以设置口令

56. Windows 的特点包括________。

A. 图形界面　　B. 多任务　　C. 即插即用　　D. 以上都对

57. 在 Windows 中，屏幕上可以同时打开多个窗口，它们的排列方式是________。

A. 既可以平铺也可以层叠　　B. 只能平铺，不能层叠

C. 只能层叠，不能平铺　　D. 只能由系统决定，用户无法更改

58. 在 Windows 的“资源管理器”中，选择________查看方式可显示文件的“大小”与“修改时间”。

A. 大图标　　B. 小图标　　C. 列表　　D. 详细资料

59. 在 Windows 中，用滚动条来实现快速滚动，是用________操作实现的。

A. 拖动滚动条上的箭头　　B. 单击滚动条上的滚动箭头

C. 拖动滚动条上的滚动块　　D. 单击滚动条上的滚动块

60. 在 Windows 中，要删除一个应用程序，正确的操作应该是________。

A. 打开“资源管理器”窗口，对该程序执行“剪切”操作

B. 打开“控制面板”窗口，使用“添加/删除程序”项

C. 打开“MS-DOS”窗口，使用【Del】键或“Erase”命令

D. 打开“开始”菜单，选中“运行”项，在对话框中使用【Del】键或“Erase”命令

61. 在 Windows 中，运行一个程序可以________。

A. 选择“开始”→“所有程序”→“附件”→“运行”命令

B. 使用资源管理器

C. 使用桌面上已建立的快捷方式图标

D. 以上都可以

62. 关于在 Windows 中安装打印机驱动程序，以下说法中正确的是________。

A. Windows 提供的打印机驱动程序支持任何打印机

B. Windows 提供选择的打印机，列出了所有的打印机

C. 即使要安装的打印机与默认的打印机兼容，安装时也需要插入 Windows 所要求的某张系统盘，并不能直接使用

D. 如果要安装的打印机与默认的打印机兼容，则不必再安装驱动程序

63. 在 Windows 中，一个文件夹中可以包含________。

A. 文件　B. 文件夹　C. 快捷方式　D. 以上 3 项都可以

64. 在 Windows 中，桌面是指________。

A. 电脑桌　B. 活动窗口

C. 资源管理器　D. 窗口、图标和对话框所在的屏幕背景

65. 在 Windows 中，下面________是不正确的。

A. 各种汉字输入法的切换，可按【Ctrl】+【Shift】组合键来实现

B. 全角和半角状态可按【Shift】+【Space】组合键来切换

C. 汉字输入方法可按【Ctrl】+【Space】组合键切换出来

D. 在汉字输入状态时，想退出汉字输入法，可按【Alt】+【Space】组合键来实现

66. 退出 Windows 时，直接关闭计算机电源可能产生的后果是________。

A. 可能破坏尚未存盘的文件　B. 可能破坏临时设置

C. 可能破坏某些程序的数据　D. 以上都对

67. 选用中文输入法后，可以用________实现全角和半角的切换。

A. 按【Caps Lock】键　B. 按【Ctrl】+【.】组合键

C. 按【Shift】+【Space】组合键　D. 按【Ctrl】+【Space】组合键

68. Windows 系统安装完毕并启动后，由系统安装到桌面上的图标是________。

A. Word 快捷方式　B. 回收站　C. 记事本　D. 控制面板

69. 在启动 Windows 时，桌面上会出现不同的图标。双击________图标可浏览计算机上的所有内容。

A. 计算机　B. 网上邻居　C. 收件箱　D. 回收站

70. 采用全拼汉字输入法输入汉字时，汉字的编码必须用________输入。

A. 小写英文字母　B. 大写英文字母

C. 大小写英文字母混合　D. 数字或字母

71. 在 Windows 中，有关“还原”按钮的操作________是正确的。

A. 单击“还原”按钮可以将最大化后的窗口还原

B. 单击“还原”按钮可以将最小化后的窗口还原

C. 双击“还原”按钮可以将最大化后的窗口还原

D. 双击“还原”按钮可以将最小化后的窗口还原

72. 在 Windows 中通常能弹出某一对象的快捷菜单的操作是________。

A. 单击　B. 右击　C. 双击　D. 双击鼠标右键

73. 如果想在 Windows 中同时改变窗口的高度和宽度，可以通过拖动________来实现。

A. 窗口角　B. 窗口边框　C. 滚动条　D. 菜单栏

74. 在 Windows 的“资源管理器”的左侧窗格中，单击文件夹图标，则________。
   A. 在左窗口中扩展该文件夹
   B. 在左窗口中显示其子文件夹
   C. 在右窗口中显示该文件夹中的文件
   D. 在右窗口中显示该文件夹中的子文件夹和文件
75. 在 Windows 中，________操作不能关闭应用程序。
   A. 单击应用程序窗口右上角的“关闭”按钮
   B. 单击“任务栏”上的图标
   C. 选择“文件”→“退出”菜单命令
   D. 按【Alt】+【F4】组合键
76. 下列 4 种软件中，属于系统软件的是____。
   A. Wps　　B. Word　　C. Windows　　D. Excel
77. 计算机软件与硬件的关系是____。
   A. 相互独立
   B. 相互对立
   C. 相互依靠支持，形成统一的整体
   D. 以上都不对
78. 下列 4 种软件中属于应用软件的是____。
   A. Basic 解释程序　　B. UCDOS 系统
   C. 财务管理系统　　D. Pascal 编译程序
79. 一般意义上说，操作系统的功能是____。
   A. 硬盘管理、打印机管理、文件管理、程序管理
   B. 输入设备管理、输出设备管理、文件管理、磁盘管理
   C. 处理器管理、存储管理、设备管理、文件管理
   D. 编译管理、主机管理、内存管理、文件管理
80. 下列关于操作系统的主要功能的描述中，不正确的是____。
   A. 处理器管理　　B. 作业管理　　C. 文件管理　　D. 信息管理

二、判断题

1. Windows 提供了多任务的并行处理能力。（　）
2. Windows 是一个单任务多用户的操作系统。（　）
3. 窗口和对话框都有可供用户选择的菜单栏。（　）
4. 窗口的最小化是指关闭该应用程序。（　）
5. 程序窗口和文档窗口都有自己的菜单栏。（　）
6. 打开多个窗口时，处在最前面的窗口必定是活动窗口。（　）
7. 单击“还原”命令可以恢复最小化的窗口。（　）
8. Windows 中可以同时打开多个窗口，但只有一个是活动窗口。（　）
9. 对话框可以移动位置和改变尺寸。（　）
10. “平铺”和“层叠”命令可对未打开的窗口起作用。（　）
11. 删除桌面图标时会将其应用程序及所有文件同时删除。（　）
12. 删除桌面的快捷方式后，它所指向的项目也同时被删除。（　）

13. 在回收站中的文件及文件夹不可删除，只能恢复。 ( )
14. 回收站不占用硬盘空间。 ( )
15. “资源管理器”和“计算机”窗口都可以实现U盘和硬盘的格式化。 ( )
16. 资源管理器是用户与计算机之间的一个友好的图形界面。 ( )
17. Windows把以SYS为扩展名的文件当作系统文件。 ( )
18. 资源管理器不能用来查看磁盘的剩余空间。 ( )
19. 对文件或文件夹进行复制、移动和删除操作只能在资源管理器中进行。 ( )
20. 文件夹中可以包含程序、文档和文件夹。 ( )
21. Windows中的写字板和记事本都可编辑文本、表格和图形。 ( )
22. Windows可以在一个程序内部复制和移动信息，不可以在不同的应用程序之间复制和移动信息。 ( )
23. Windows桌面上的图标是系统在安装时设置的，不能对其进行改变。 ( )
24. 在Windows中每个用户可以有不同的桌面背景。 ( )
25. 控制面板是改变系统配置的应用程序。 ( )
26. 在Windows下，系统的属性是不能改变的。 ( )
27. 在Windows中鼠标的左、右键可以交换。 ( )
28. Windows的桌面只能在安装时定义。 ( )
29. “开始”菜单不能自行定义。 ( )
30. Windows不支持网络功能。 ( )
31. Windows的“拨号网络”可以使用户用调制解调器与远程服务器联网。 ( )
32. “写字板”和“记事本”的功能是完全相同的。 ( )
33. 使用“记事本”可以对文本文件进行编辑。 ( )
34. Windows的剪切板只能复制文本，不能复制图形。 ( )
35. Windows各应用程序间的信息交换是通过剪贴板来完成的。 ( )
36. Windows不支持打印机共享。 ( )
37. 在Windows环境下，打印机的安装和设置必须在安装Windows时一次完成。 ( )
38. Windows的桌面外观可以根据爱好进行更改。 ( )
39. 使用“画图”程序时，当默认颜色不能满足要求时，可以编辑颜色。 ( )
40. 【PrintScr】和【Alt】+【PrintScr】组合键的作用都是把当前屏幕的内容送到剪贴板上。 ( )
41. 对已打开的菜单，用鼠标单击其菜单名则关闭该菜单。 ( )
42. 在Windows中一个文件只能由一种程序打开。 ( )
43. 在Windows的资源管理器中，选择“文件”→“重命名”命令，既可以对文件改名，也可以对文件夹改名。 ( )
44. 在Windows中鼠标双击的速度可以进行调整。 ( )
45. 在桌面上可以为同一个Windows应用程序建立多个快捷方式。 ( )
46. Windows提供了多种启动应用程序的方法。 ( )
47. Windows提供了一个基于图形的多任务、多窗口的操作系统。 ( )
48. 在Windows中，利用安全模式可以解决启动时的一些问题。 ( )
49. 在Windows中，将可执行文件从“资源管理器”或“计算机”窗口中用鼠标右键拖曳

到桌面上可以创建快捷方式。 ( )

50. 在 Windows 系统下，打印时不能进行其他操作。 ( )

51. 剪贴板的内容只能被其他应用程序粘贴，不能保存。 ( )

52. 在 Windows 中，文档窗口没有菜单栏，它与其所用的应用程序窗口共用菜单栏。 ( )

53. Windows 工作的某一时刻，桌面上总有一个对象处于活动状态。 ( )

54. 不支持即插即用的硬件设备不能在 Windows 环境下使用。 ( )

55. 磁盘必须格式化后才能使用，凡是在一种计算机上格式化过的磁盘，可在任何类型的计算机上使用。 ( )

56. 在 Windows 中，在任何地方用鼠标右键点击对象都可弹出快捷菜单，这些快捷菜单是相同的。 ( )

57. 在 Windows 中，用户可以对磁盘进行快速格式化，但是被格式化的磁盘必须是以前做过格式化的磁盘。 ( )

58. 在 Windows 中任务栏的位置和大小是可以由用户改变的。 ( )

59. 在多级目录结构中，不允许文件同名。 ( )

60. 在 Windows 中可设定屏幕保护程序，如选择“飞越星空”，则飞行速度及星空密度都由系统自动设定，用户无法改变。 ( )

61. 在 Windows 中，屏幕保护程序是为降低硬盘的功耗而设计的。 ( )

62. 在 Windows 下，所有在运行的应用程序都会在任务栏中出现该应用程序的相应图标。 ( )

63. 在 Windows 中，选择“开始”→“搜索”文本框找到若干文件，并在“搜索结果”窗口中右窗格显示查找到的所有文件的信息，对这些文件同样可以改名。 ( )

64. 在 Windows 中，双击未注册过的文件，则会出现一个“打开方式”的对话框。 ( )

65. Windows 的附件提供了造字程序。 ( )

66. 在 Windows 中，单击任务栏上显示的时间，可以修改计算机的时间。 ( )

67. 在任何时候都可以按一次【Alt】+【F4】组合键来直接退出 Windows。 ( )

68. 磁盘的根目录只有一个，用户可以自行定义。 ( )

69. 在 Windows 中，对话框窗口、应用程序窗口、文档窗口都可任意移动和改变大小。 ( )

70. 从进入 Windows 到退出 Windows 前，随时可以使用剪贴板。 ( )

71. 在 Windows 环境下，文本文件只能用记事本打开，不能用 Word 打开。 ( )

72. Windows 本身不带有文字处理程序。 ( )

73. 在 Windows 中，有些对话框有 3 个按钮：“确定”“应用”及“取消”。一旦进行某项设置可单击“应用”按钮也可单击“确定”按钮，因此两者功能完全一样。 ( )

74. 使用鼠标拖曳的操作方式可以一次对多个对象进行操作。 ( )

75. 在 Windows 的资源管理器中删除文件夹，可将其下的所有文件及子文件夹一同删除。 ( )

76. 在 Windows 的资源管理器中，选择“工具”→“文件夹选项”命令，可以使窗口内显示的文件都显示出扩展名。 ( )

77. 在 Windows“画图”软件中，使用“用颜色填充”工具进行涂色，对不封闭的图形会

发生色溢。 ( )

78. 在 Windows 中，一个应用程序窗口最小化后，该应用程序将终止执行。 ( )

79. Windows 下不需安装相应的多媒体外部设备驱动程序就可以操作某种特定的多媒体文件。 ( )

80. 在 Windows 中，只要选择汉字输入法中的“标点符号”，则在半角状态下也可以输入顿号、引号、句号等全角的中文标点符号。 ( )

81. 输入汉字的编码方法有很多种，输入计算机后，都按各自的编码方法存储在计算机内部，所以在计算机内部处理汉字信息相当复杂。 ( )

82. 在 Windows 中，系统工具中的磁盘扫描程序主要用于清理磁盘，把不需要的垃圾文件从磁盘中删掉。 ( )

83. 在 Windows 中，回收站与剪贴板一样，是内存中的一块区域。 ( )

84. Windows 中的“回收站”用来暂时存放被删除的文件及文件夹，一旦放入“回收站”便不可再删除了，只可恢复。 ( )

85. 在 Windows 系统下，把文件放入回收站并不意味文件一定从磁盘上清除了。 ( )

86. 在 Windows 中，当文件或文件夹被删除并放入回收站后，它就不再占用磁盘空间了。 ( )

87. 计算机系统中的所有文件一般可分为可执行文件和非可执行文件两大类，可执行文件的扩展名类型主要有“.exe”和“.com”。 ( )

88. 启动 Windows 的同时可以加载指定程序。 ( )

89. 如果一个文件的扩展名为“.exe”，那么这文件必定是可运行的。 ( )

90. 一个应用程序只可以关联某一种扩展名的文件。 ( )

第 4 章 文字处理软件 Word 2010

一、单选题

1. 编辑文档时，当前指针所在位置的前面是宋体字，后面的是隶书，若在指针处输入文字时，其字体为________。

A. 宋体 B. 隶书 C. 楷体 D. 不确定

2. 选定文本，按【Ctrl】+【B】组合键之后，该文本变为________。

A. 上标 B. 下划线 C. 斜体 D. 粗体

3. 下列操作中哪些操作不能选定全部文档________。

A. “开始”→“编辑”→“选择”→“全选”

B. 在选定区域，按住【Ctrl】键，然后单击

C. 在选定区域三击

D. 在选定区域双击

4. 在同一篇文档内，用拖动法复制文本的操作是________。

A. 同时按住【Ctrl】键 B. 同时按住【Shift】键

C. 按住【Alt】键 D. 直接拖曳

5. 要设置精确的缩进量，应当使用________方式。

A. 标尺 B. 样式 C. 段落格式 D. 页面设置

6. 将段落的首行缩进两个字符的位置，正确的操作是________。

A. 移动标尺上的首行缩进游标 B. 选择“开始”→“样式”中的命令

C. 选择“开始”→“字体”中的命令 D. 以上都不是

7. 在段落的对齐方式中，________可以使段落中的每一行（包括段落的结束行）都能与左右边缩进对齐。

A. 左对齐 B. 两端对齐 C. 居中对齐 D. 分散对齐

8. 下列选项中，不能关闭Word的操作是________。

A. 双击系统菜单 B. 单击按钮

C. 选择“文件”→“关闭”命令 D. 选择“文件”→“退出”命令

9. 按钮表示的含义是________。

A. 左对齐 B. 右对齐 C. 居中对齐 D. 分散对齐

10. 按钮表示的含义是________。

A. 剪切 B. 复制 C. 移动 D. 粘贴

11. 按钮表示的含义是________。

A. 设置字体颜色 B. 设置背景色 C. 设置底纹色 D. 以上都不是

12. 按钮表示的含义是________。

A. 新建文档 B. 打开文档 C. 保存文档 D. 打印文档

13. 按钮表示的含义是________。

A. 拼写和语法检查 B. 插入文本框

C. 插入图文框 D. 复制

14. 选择“开始”→“字体”→“清除格式”命令的效果是________。

A. 清除剪切板中的内容 B. 删除当前文本中的所有内容

C. 清屏幕 D. 删除所选定内容的格式

15. 要用标尺设置制表位，应使用________方式。

A. 大纲视图 B. Web版式视图

C. 阅读版式视图 D. 页面视图

16. 在表格中一次插入3行正确的操作是________。

A. 选择“表格工具-布局”→“行和列”→“在上（或下）方插入”命令

B. 选定3行后选择“表格工具-布局”→“行和列”→“在上（或下）方插入”命令

C. 将插入点放在行尾部，按【Enter】键

D. 无法实现

17. 快速访问工具栏上的快速打印图标，其功能是________。

A. 可以设置打印份数 B. 可以设置打印范围

C. 可以设置打印机属性 D. 打印当前文档

18. 关于插入表格，下列说法中错误的是________。

A. 只能是2行3列 B. 可套用格式

C. 能调整列宽 D. 行列数可调

19. 插入分页符，使用的命令是________。

A. 格式→字体 B. 插入→页码

C. 插入→页→分页　　D. 插入→自动图文集

20. 在打印面板的打印范围中选择的“打印当前页面”是指________。

A. 当前指针所在页　　B. 当前窗口显示页

C. 第 1 页　　D. 最后 1 页

21. 多栏文本在草稿视图中的显示为________。

A. 较窄的一列　B. 保持多栏　C. 普通一栏　D. 不显示内容

22. 可以显示页眉与页脚的视图方式是________。

A. 普通　B. 大纲　C. 页面　D. Web 版式

23. 在文档每一页底端插入注释，应该插入________注释。

A. 脚注　B. 尾注　C. 题注　D. 批注

24. 若将文档指针当前位置移动到该文档顶行，正确的按键是________。

A. 【Home】键　　B. 【Ctrl】+【Home】组合键

C. 【Shift】+【Home】组合键　　D. 【Ctrl】+【Shift】+【Home】组合键

25. 使用“________”→“显示”→“标尺”菜单命令，可以显示或隐藏标尺。

A. 视图　B. 开始　C. 插入　D. 引用

26. 设置字体格式在“________”功能区中。

A. 插入　B. 视图　C. 开始　D. 页面布局

27. 将选定的文本设置成黑（粗）体字，单击________按钮。

A. B　B. U　C. I　D.

28. 项目编号的作用是________。

A. 为每个标题编号　　B. 为每个自然段编号

C. 为每行编号　　D. 以上都正确

29. 关于拆分表格，正确的说法是________。

A. 只能将表格拆分为左右两部分　　B. 只能将表格拆分为上下两部分

C. 可以自己设定拆分的行列数　　D. 只能将表格拆分为列

30. 若要选定表格中的一行，正确的操作是________。

A. 【Alt】+【Enter】组合键

B. 【Alt】+拖动鼠标

C. 选择“表格工具-布局”→“表”→“选择”→“选择表格”命令

D. 选择“表格工具-布局”→“表”→“选择”→“选择行”命令

31. 删除单元格的操作为________。

A. 按【Delete】键

B. 选择“表格工具-布局”→“行和列”→“删除”→“删除表格”命令

C. 选择“表格工具-布局”→“合并”→“拆分单元格”命令

D. 选择“表格工具-布局”→“表”→“删除”→“删除单元格”命令

32. 使用只读方式打开文档，修改之后若要保存，可以使用的方法是________。

A. 更改文件属性　　B. 单击

C. 选择“文件”→“另存为”命令　　D. 选择“文件”→“保存”菜单

33. 下列说法中，______是不正确的。

A. Word 是一种文字处理软件

B. Word 可以进行图文混合排版

C. Word具有英文的拼写和语法检查功能

D. Word具有分析和判断能力

34. 选择“文件”→“打印”命令后，下列叙述正确的是________。

A. 打印完成后才可以切换到其他窗口

B. 可以立即切换到其他窗口进行其他操作

C. 可以立即切换到其他窗口，直到打印结束才能进行其他操作

D. 打印关闭之前，不能关闭打印窗口

35. 在Word中，要打印文档，用户可以通过“________”功能区里的“打印”命令来完成。

A. 开始　　B. 文件　　C. 插入　　D. 页面布局

36. 在Word中，如果要求打印文档时每一页都有页码，那么________。

A. Word会自动加上页码，无需设定即可打印出来

B. 用户可以在“打印”对话框中设定页码

C. 用户可以选择“插入”→“页眉和页脚”→“页码”→“设置页码格式”命令，在“页码格式”对话框中设定页码

D. 用户必须在每一页的文字中输入页码

37. 下列说法中，正确的是________。

A. 用“文件”功能区中的“打印”命令，可在默认打印机上打印文档的选定部分

B. 可用Word提供的模板建立空白文档，但是不能创建自定义模板

C. 在打印预览窗口中，可以对文档进行编辑

D. 图文框和文本框都可以被正文环绕，因此没有什么区别

38. 在Word中，设定打印纸张的打印方向，应当使用的命令是________。

A. “文件”→“打印”　　B. “页面布局”→“页面设置”

C. “视图”→“显示”→“标尺”　　D. “视图”→“显示”→“导航窗格”

39. 在Word中，段落对话框的“缩进”表示文本相对于文本边界又向页内或页外缩进一段距离，段落缩进后文本相对打印纸边界的距离等于________。

A. 页边距　　B. 缩进距离

C. 页边距+缩进距离　　D. 以上都不是

40. 在Word中，在图形编辑状态中，选择“插入”→“插图”→“形状”→“矩形”命令，按住________键的同时拖动鼠标，可以画出正方形。

A. 【Alt】　　B. 【Shift】　　C. 【Ctrl】　　D. 【Insert】

41. 在Word文档编辑中，若要把多处同样的错误一次改正，最好的方法是________。

A. 使用“替换”功能　　B.使用“自动更正”功能

C. 使用“撤消”按钮　　D.使用“格式刷”

42. 在Word中，对于插入文档中的图片不能进行的操作是________。

A. 放大或缩小　　B. 移动

C. 修改图片中的图形　　D. 剪裁

43. 在Word中，对于编辑文档时的误操作，用户将________。

A. 无法挽回　　B. 重新人工编辑

C. 单击“撤销”按钮恢复原内容　　D. 选择“审阅”→“修订”命令

44. 要在 Word 文档中插入一个图形文件，应该使用________功能区中的命令。

A. 开始　　B. 插入　　C. 文件　　D. 视图

45. 在 Word 中，下面不能调整段落左右边界的操作是________。

A. 移动标尺上的缩进标记

B. 选择“开始”→“段落”中的缩进按钮

C. 通过“段落”格式对话框设定

D. 拖动段落中的文字的左边或右边

46. 在 Word 中，将其他文件的内容插入当前文档中的方法是________。

A. 选择“文件”→“打开”菜单命令

B. 选择“文件”→“另存为”菜单命令

C. 选择“插入”→“文本”→“对象”→“对象”菜单命令

D. 选择“插入”→“文本”→“对象”→“文件中的文字”菜单命令

47. 在 Word 中，段落对齐方式有左对齐、右对齐、居中对齐、________和分散对齐。

A. 上下对齐　　B. 左右对齐　　C. 两端对齐　　D. 内外对齐

48. 在 Word 中已打开多个文档，则将当前活动文档切换成其他的文档使用的功能区是______。

A. 插入　　B. 开始　　C. 文件　　D. 视图

49. 在 Word 中，加入文档中的批注________。

A. 将会作为文档正文的一部分　　B. 出现在页眉和页脚部分

C. 不能在文档中显示出来　　D. 只有审阅者可以看到

50. 在 Word 中，利用________可以很直观地改变段落的缩进方式，调整左右边界和改变表格的列宽。

A. 开始　　B. 字体对话框　　C. 文件　　D. 标尺

51. 下面关于在 Word 中插入图形文件的叙述，正确的是________。

A. 插入的图形文件只能在 Word 中绘制

B. 插入的图形文件只能是.bmp 文件

C. 插入的图形文件只能是统计图表

D. 插入的图形文件可以是 Windows 能够支持的各种格式的图形文件

52. 在 Word 中，选定某文档中的部分文字内容，单击功能区中的“居中”按钮，则________。

A. 当前文档的全部文字按照“居中”格式对齐

B. 当前选定的文字内容按照“居中”格式对齐

C. 当前选定的文字之外的内容按照“居中”格式对齐

D. 当前选定的文字内容所在的段落按照“居中”格式对齐

53. 在 Word 文档编辑中，输入文字时可以使用________键实现文字的“插入”或“改写”方式的切换。

A. 【Del】　　B. 【Ins】　　C. 【End】　　D. 【Home】

54. 在 Word 中，插入点的位置很重要，因为文字的增删都将在此处进行。现在要删除一个汉字，当插入点在该字的前面时，应该按________键；当插入点在该字的后面时，应该按________键。

A. 【Backspace】+【Delete】组合键

B. 【Delete】+【Backspace】组合键

C. 【Backspace】+【Space】组合键

D. 【Delete】+【Space】组合键

55. Word 打印预览开始的地方是________。

A. 当前光标处　　B. 文件的开头

C. 当前页　　D. 以上都错

56. 在 Word 中，当输入文本满一页时，会自动插入一个分页符，称为________，除了这种方法外，也可以由用户根据需要在适当的位置插入分页符，称为________。

A. 软回车　硬回车　　B. 自动回车　人工回车

C. 自动分页　人工分页　　D. 以上都对

57. 在 Word 中用来将插入点移到当前窗口顶部的快捷键是________。

A. 【PageUp】键　　B. 【PageDown】键

C. 【Ctrl】+【PageUp】组合键　　D. 【Ctrl】+【PageDown】组合键

58. 在 Word 的"替换"对话框中指定了查找内容但没有在"替换为"框中输入内容，则执行"全部替换"后，将________。

A. 只进行查找，不进行替换

B. 不能执行，提示输入替换内容

C. 每找到一个欲查内容，就提示用户输入替换的内容

D. 把所有找到的内容删除

59. 在 Word 中，将文字转换成表格的第一步是________。

A. 调整文字的间距

B. 选定要转换的文字

C. 选择"插入"→"表格"→"表格"→"文本转换成表格"命令

D. 设置页面格式

60. 使用 Word 时，为了选定列式文字（块），可先在第一指定点按住________键及鼠标左键不放，拖动鼠标指针到第二指定点后再松开。

A. 【Ctrl】　B. 【Alt】　C. 【Shift】　D. 【Esc】

61. 下列说法正确的是________。

A. 在 Word 中只能打开一个文档窗口

B. 在 Word 中能同时打开多个文档窗口

C. Word 中用户可以使多个文档窗口同时成为当前窗口

D. Word 中用户可以使两个文档窗口同时成为当前窗口

62. 在 Word 中，可以将一段文字转换为表格，对这段文字的要求是________。

A. 必须是一个段落

B. 必须是一节

C. 每行的几个部分之间必须用空格分隔

D. 每行的几个部分之间必须用同一符号分隔

63. 在 Word 编辑状态，当前正在编辑一个新建文档"文档 1"，当选择"文件"→"保存"命令后，________。

A. 该"文档 1"被存盘

B. 弹出"另存为"对话框，供进一步操作

C. 自动以"文档 1"为名存盘

D. 不能将“文档1”存盘

64. 给Word文档加口令时，口令最多可包含________个字符。

A. 10　　B. 15　　C. 20　　D. 30

65. Word草稿视图方式下，自动分页处显示________。

A. 一个实心三角形　　B. 一个空心三角形

C. 一条实线　　D. 一条虚线

66. 在使用Word编辑文本时，为了把不相邻的两段文字互换位置，可以采用________来操作。

A. 剪切　　B. 粘贴　　C. 复制+粘贴　　D. 剪切+粘贴

67. 打开Word文档是指________。

A. 把文档的内容从内存中读出并显示

B. 把文档的内容显示并打印出来

C. 把文档的内容从硬盘调入内存中读出并显示出来

D. 创建一个空白的文档窗口，并以指定的文档名命名

68. Word文档中插入表格的命令在“________”功能区中。

A. 插入　　B. 开始　　C. 文件　　D. 视图

69. Word表格中，表格线________。

A. 不能手绘　　B. 不能擦除

C. 不能改变　　D. 可由用户指定线型

70. 在Word制表时，若想在表中插入3行新行，则先选定________行，然后选择“表格工具-布局”→“行和列”→“在上（或下）方插入”命令。

A. 2　　B. 3　　C. 4　　D. 5

二、判断题

1. 在Word中文件的复制和粘贴必须经过剪贴板。（　）
2. 在复制或移动文本操作中使用粘贴命令时，若是改写模式会覆盖指针所在位置的文本。（　）
3. 选定文本后单击按钮✂，所选内容被删除。（　）
4. 在分栏排版中只能进行等宽分栏。（　）
5. 强制分页可以通过在页面上多按几次【Enter】键来实现。（　）
6. 在表格中选定内容后，按【Delete】键可以删除单元格及其内容。（　）
7. Word的表格只能进行水平方向的单元格合并，不能进行垂直方向的单元格合并。（　）
8. 在草稿视图下，只能显示硬分页符，不能显示软分页符。（　）
9. 草稿视图下可以显示页眉和页脚。（　）
10. 在Word中可以改变艺术字的颜色，但不能设置艺术字的字体。（　）
11. 允许在两个窗口中查看同一个文档的不同部分。（　）
12. 重复命令是对前几次操作的重复。（　）
13. “全选”命令对表格无效。（　）
14. “查找”命令既可以查找文本内容，也可以查找文本格式。（　）
15. “查找”命令可用来检查文本中的拼写错误。（　）

16. Word可以将文本转换成表格，但反过来是不允许的。（ ）

17. 段落之间的间隔可以通过插入空行的方式来调整。（ ）

18. Word中不限制撤销的次数。（ ）

19. 一个文档中的各页可以具有不同的页眉或页脚。（ ）

20. “制表位”对话框可以精确设置制表位的位置。（ ）

21. 在字号选择中，阿拉伯数字越大表示字符越大，中文数字越大表示字符越小。（ ）

22. 文档中插入的页码只能从第一页开始。（ ）

23. 段落的左缩进是指每个自然段的起始位置空两个汉字位。（ ）

24. 在用Word编辑文本时，若要删除文本区中某段文本的内容，可选取该段文本，再按【Delete】键。（ ）

25. 在Word中，如果用户错误地删除了文本，可单击“恢复”按钮将被删除的文本恢复。（ ）

26. Word编辑时，插入点位置很重要，因为文字的增删都将在此处进行。插入点呈闪烁的竖条形状。（ ）

27. 对插入到Word中的图形不能直接在Word文档编辑窗口中进行编辑操作。（ ）

28. 使用格式菜单中的标尺菜单命令可以显示和隐藏标尺。（ ）

29. 在Word的功能区中，经常有一些命令是暗淡的，表示这些命令在当前状态下不起作用。（ ）

30. Word可以在不关闭Word应用程序的情况下，将所有文档窗口关闭。（ ）

31. 在Word中，不用打开文件对话框就能直接打开最近使用过的文档的方法是选择“文件”菜单中的“最近所用文件”命令。（ ）

32. 页眉页脚一经插入，就不能修改了。（ ）

33. 在Word中，“最小”行距是指在各种行距设置中，行距最小的一种行距设置。（ ）

34. 在Word中，段落格式与样式是同一个概念的不同说法。（ ）

35. Word中的“替换”命令与Excel中的“替换”命令功能完全相同。（ ）

36. Word中使用首字下沉功能后，下沉后的字实际变为一个图文框。（ ）

37. 首字下沉只有在页面视图下才能显示出它的效果。（ ）

38. 在Word中，脚注是对个别术语的注释，其脚注内容位于整个文档的末尾。（ ）

39. 在Word中，“格式刷”可以复制艺术文字式样。（ ）

40. 在使用Word编辑文章时，若要将标题设置为空心字，应选择“格式”→“样式”命令。（ ）

41. 在Word中，“初号”是可以使用的最大字号。（ ）

42. 在Word中，允许用户选择不同的文档显示方式，如“草稿”“页面”“大纲”“Web版式”“全屏显示”等。不同的显示方式应在“格式”功能区中选择。（ ）

43. 在Word中，宏录制器不能录制文档正文中的鼠标操作，但能录制文档正文中的键盘操作。（ ）

44. Word中段落标记不仅标明一个段落的结束，同时还带有一个段落的格式编排。

45. 使用 Word 可以制作 WWW 网页。 ( )

46. 通过“字体”对话框，可使选定字符的位置升高或降低。 ( )

47. Word 的“自动更正”功能仅可替换文字，不可替换图像。 ( )

48. Word 中的样式是由多个格式排版命令组合而成的集合。Word 允许用户创建自己的样式。 ( )

49. Word 可为文档添加页码，用户可将页码放在任一标准位置，这些标准位置可以是页的顶部、底部，对齐方式可以是居中、左对齐或右对齐。 ( )

50. 上页边距和下页边距不包括页眉和页脚。 ( )

51. 宏病毒可感染 Word 或 Excel 文件。 ( )

52. 使用“查找”命令查找的内容，可以是文本或格式，也可以是它们的任意组合。 ( )

53. 在处理很长的文档时，需要直接移动到文档中的某个具体页码时，可以使用“查找和替换”对话框中的“定位”选项卡来实现。 ( )

54. 建立等长栏时，只需在分栏文本开始处插入一个连续的分节符。 ( )

55. 用 Word 编辑表格时，必须先制作表格，然后输入表格中的文字。 ( )

56. 在使用 Word 编辑时，可在标尺上直接进行建立表格操作。 ( )

57. Word 中的表格内容只能是左对齐或右对齐。 ( )

58. 在 Word 中，可以将文本转换为表格，在转换时文本中间可以用逗号、制表符、空格和句号等中英文标点分隔文本。 ( )

59. 在使用 Word 时，为了选定文字，可先把指针定位在起始位置，然后按住【Ctrl】键，并单击结束位置。 ( )

60. 在 Word 中，“先选定，后操作”是进行编辑的基本规则。 ( )

61. 在 Word 中，对已输入的文字，利用“字体”对话框更改其格式时，必须先选定这些文字；而对某个已输入的段落，利用“段落”对话框更改其格式时，可不必先选定该段落。 ( )

62. Word 中具有“新建”、“打开”、“保存”及“打印”等按钮的栏是菜单栏。 ( )

63. 在“选项”对话框的“保存”选项卡中，选定了“允许快速保存”复选框，则每次保存文档时，Word 将只存储修改过的内容。 ( )

64. 在 Word 中，当前标题内容文档名是“文档 1”时，表明这是一个从未保存过的文档。 ( )

65. 表格中的每一单元格中的文本都可以用字符格式、段落格式及制表位设置来排版。 ( )

第 5 章　文稿演示软件 PowerPoint 2010

一、单选题

1. 在 PowerPoint 的各种视图中，可以显示单个幻灯片以进行文本编辑的视图是_______。

A. 普通视图　　B. 幻灯片浏览视图

C. 备注页视图　　D. 幻灯片放映视图

2. 在演示文稿幻灯片中，要插入剪贴画或图片，应在________视图中进行。

A. 普通视图　　B. 幻灯片浏览视图

C. 阅读视图　　D. 备注页视图

3. 在 PowerPoint 中，可以为文本、图形等对象设置动画效果，选择的是“________”功能区中的“预设动画”菜单命令。

A. 开始　　B. 动画　　C. 插入　　D. 视图

4. 在 PowerPoint 中，幻灯片通过大纲形式创建和组织________。

A. 标题和文本　　B. 标题和图形

C. 正方和图片　　D. 标题、正文和多媒体信息

5. PowerPoint 演示文稿默认的文件扩展名是________。

A. .pptx　　B. .potx　　C. .dotx　　D. .ppz

6. 可以用直接的方法来把自己的声音加入到 PowerPoint 演示文稿中，这是________。

A. 录制旁白　　B. 复制声音　　C. 磁带转换　　D. 录音转换

7. 在 PowerPoint 中的普通视图的大纲选项卡中，大纲由每张幻灯片的________组成。

A. 图形和标题　　B. 标题和图片　　C. 正文和图片　　D. 标题和正文

8. 在 PowerPoint 的各种视图中，显示单个幻灯片以进行文本编辑的视图是________。

A. 普通视图　　B. 幻灯片浏览视图

C. 幻灯片放映视图　　D. 备注页视图

9. 在 PowerPoint 中幻灯片中的占位符是指________。

A. 幻灯片中的空格符　　B. 嵌在幻灯片中的文本框

C. 幻灯片中的文字　　D. 幻灯片中的图表

10. 在 PowerPoint 中，幻灯片占位符的作用是________。

A. 表示文本长度　　B. 为文本图形预留位置

C. 表示图形大小　　D. 限制插入对象的数据

11. 一般地，向 PowerPoint 幻灯片中添加正文，是从________中输入。

A. 剪贴板　　B. 对象　　C. 占位符　　D. 标题栏

12. 在 PowerPoint 中，要删除插入到幻灯片表格中的某一行，可先选定不需要的行，然后________。

A. 选择“表格工具—布局”→“表”→“删除表格”命令

B. 选择快捷菜单中的“删除行”命令

C. 选择“表格工具—布局”→“表”→“删除列”命令

D. 选择“表格工具—设计”→“表”→“删除列”命令

13. 在 PowerPoint 的幻灯片放映演示文稿过程中，要结束放映，可操作的方法有________。

A. 按【Esc】键　　B. 单击鼠标

C. 按【Ctrl】+【E】组合键　　D. 按【Enter】键

14. 下列对 PowerPoint 的主要功能叙述不正确的是________。

A. 课堂教学　　B. 学术报告　　C. 产品介绍　　D. 休闲娱乐

15. PowerPoint 普通视图中，将一张幻灯片中的内容移到上一张幻灯片中去，移动过程中各标题的级别________。

A. 升一级　　B. 不变　　C. 降一级　　D. 不一定

16. 在 PowerPoint 中，________可在幻灯片浏览视图中进行。
    A. 设置幻灯片的动画效果　　B. 读入 Word 文稿的内容
    C. 幻灯片文本的编辑修改　　D. 交换幻灯片的次序
17. PowerPoint 中共有 4 种母版，下列的________不属于 4 种母版之一。
    A. 标题母版　B. 讲义母版　C. 格式母版　D. 备注母版
18. PowerPoint 中，“打包”的含义是________。
    A. 压缩演示文稿便于存放
    B. 将嵌入的对象与演示文稿放在同一位置上
    C. 压缩演示文稿便于携带
    D. 将播放器与演示文稿压缩放在同一位置上
19. 在 PowerPoint 中，“视图”这个名词表示________。
    A. 一种图形　　B. 显示幻灯片的方式
    C. 编辑演示文稿的方式　　D. 一张正在修改的幻灯片
20. 在 PowerPoint 中，________说法是不正确的。
    A. 可以在演示文稿中插入图表
    B. 可以将 Excel 的数据直接导入幻灯片上的数据表中
    C. 可以在幻灯片浏览视图中对演示文稿进行整体修改
    D. 演示文稿不能转换成 Web 页
21. PowerPoint 的主要功能是________。
    A. 文字处理　　B. 表格处理
    C. 图表处理　　D. 演示文稿处理
22. 扩展名为 ________的演示文稿文件，不必直接启动 PowerPoint 即可浏览。
    A. .PPTX　B. .POT　C. .PPS　D. .POP
23. PowerPoint 在大纲窗格中，不可以________。
    A. 插入幻灯片　B. 删除幻灯片　C. 移动幻灯片　D. 添加文本框
24. PowerPoint 文档不可以保存为________文件。
    A. 演示文稿　B. 文稿模板　C. Web 页　D. 纯文本
25. 如果要将 PowerPoint 演示文稿用 IE 浏览器打开，则文件的保存类型应为________。
    A. 演示文稿　　B. Web 页
    C. 演示文稿设计模板　　D. PowerPoint 放映
26. 下列有关 PowerPoint 演示文稿的说法，正确的是________。
    A. 演示文稿中可以嵌入 Excel 工作表
    B. 可以将 PowerPoint 演示文档保存为 Web 页
    C. 可以把演示文稿 A.PPTX 插入到演示文稿 B.PPTX 中
    D. 以上说法均正确
27. 以下各项，______不属于 PowerPoint 2010 工作界面的组成部分。
    A. 菜单栏　　B. PowerPoint 帮助系统
    C. 功能区　　D. 幻灯片编辑区
28. 创建预先定义好的演示文稿，则需要使用______。
    A. 格式　B. 模板　C. 向导　D. 背景

29. 在_____方式下能进行幻灯片内容的编辑。
A. 普通视图　　B. 幻灯片放映视图
C. 阅读视图　　D. 幻灯片浏览视图
30. 下列方法中，不能用于插入一张新幻灯片的是_____。
A. 单击“开始”→“幻灯片”→“新建幻灯片”
B. 按【Enter】键
C. 按【Ctrl】+【M】键
D. 按【Ctrl】+【N】键
31. 空演示文稿创建出的演示文稿内容是_____。
A. 带有格式的　　B. 空的
C. 带有内容的　　D. 带有图片的
32. 在 PowerPoint 2010 中，演示文稿的基本组成单元是_____。
A. 文本　　B. 图形　　C. 幻灯片　　D. 对象
33. 在空白幻灯片中不可以直接插入_____。
A. 文本框　　B. 文字　　C. 公式　　D. 艺术字
34. 演示文稿中删除幻灯片应_____。
A. 选中幻灯片后，单击左键选择“删除”
B. 选中幻灯片后按【Delete】键
C. 按【Esc】键
D. 选中幻灯片后，单击“文件”菜单中的“删除”选项
35. 新建一个演示文稿时，第一张幻灯片的默认版式是_____。
A. 两栏文本　　B. 标题和内容　　C. 标题幻灯片　　D. 空白
36. 插入的幻灯片总是插在当前幻灯片_____。
A. 之上　　B. 之前　　C. 中间　　D. 之后
37. 在一个演示文稿中再新建一张幻灯片时，其默认版式是_____。
A. 两栏文本　　B. 标题和内容　　C. 标题幻灯片　　D. 空白
38. 关闭 PowerPoint 时，如果没有保存修改过的文档，出现的后果是_____。
A. 系统会发生崩溃　　B. 刚刚修改过的内容将会丢失
C. 下次 PowerPoint 无法正常启动　　D. 硬盘产生错误
39. 幻灯片母版中一般都不包含_____占位符。
A. 页脚　　B. 标题　　C. 文本　　D. 图标
40. 要在选定的幻灯片版式中输入文字，_____。
A. 应单击占位符，然后直接输入文字
B. 首先删除占位符中的文字，然后输入文字
C. 选中幻灯片，直接输入文字
D. 首先删除占位符，然后输入文字
41. 要修改幻灯片中文本框内的内容，应该_____。
A. 首先删除文本框，然后再重新插入一个文本框
B. 选择该文本框中所要修改的内容，然后重新输入文字
C. 重新选择带有文本框的版式，然后再向文本框内输入文字
D. 用新插入的文本框覆盖原文本框

42. 在 PowerPoint 中，“动画”的功能是_____。

A. 插入 F1ash 动画　　B. 设置放映方式

C. 设置幻灯片的放映方式　　D. 给幻灯片内的对象添加动画效果

43. 若要将另一张表格链接到当前幻灯片中，则从“插入”选项卡中选择“_____”功能组。

A. 链接　　B. 对象　　C. 表格　　D. 图表

44. 下面有关 PowerPoint 2010 的超链接的说法正确的是_____。

A. 从一张幻灯片跳转到另一张幻灯片　　B. 利用幻灯片来编辑其他文件

C. 利用幻灯片来上网　　D. 从一张幻灯片跳转到多张幻灯片

45. 设置幻灯片背景时，需要在“_____”选项卡中设置。

A. 开始　　B. 插入　　C. 设计　　D. 切换

46. 插入声音应该在“_____”选项卡中设置。

A. 开始　　B. 插入　　C. 设计　　D. 切换

47. 在 PowerPoint 2010 幻灯片母版中，不能进行的操作是_____。

A. 插入音视频文件　　B. 插入文字

C. 插入占位符　　D. 插入页眉页脚

48. 要让作者的名字出现在所有幻灯片中，应将其加入到_____中。

A. 幻灯片母版　　B. 标题母版　　C. 备注母版　　D. 讲义母版

49. 在 PowerPoint 2010，使用“_____”选项卡中的“幻灯片母版”命令，可进入幻灯片母版设计窗口，更改幻灯片的母版。

A. 视图　　B. 动画　　C. 设计　　D. 切换

50. 在“幻灯片浏览视图”模式下，不允许进行的操作是_____。

A. 幻灯片移动和复制　　B. 幻灯片切换

C. 幻灯片删除　　D. 设置动画效果

51. 如果要使一张幻灯片以“横向棋盘”方式切换到下一张幻灯片，应使用“_____”命令。

A. 自定义动画　　B. 动作设置　　C. 幻灯片切换　　D. 动画方案

52. 在幻灯片中，将涉及其组成对象的种类及对象间相互位置的方案称为_____。

A. 模板设计　　B. 版式设计　　C. 配色方案　　D. 动画方案

53. 在 PowerPoint 2010 中，复制某对象的动画设置到另一个对象上，可以使用_____。

A. 样式刷　　B. 【Ctrl】+【C】组合键

C. 格式刷　　D. 动画刷

54. 在 PowerPoint 2010 中，若为幻灯片中的对象设置“飞入效果”，应选择“_______”选项卡。

A. 插入　　B. 动画　　C. 设计　　D. 切换

55. 在 PowerPoint 演示文稿中统一整体布局、背景图案、字体字号等，可以在_______中设置。

A. 母版　　B. 配色方案　　C. 幻灯片切换　　D. 背景

56. 放映幻灯片时，如果要从第 2 张幻灯片跳到第 5 张，可使用菜单“幻灯片放映”中的“_____”命令。

A. 自定义放映　　B. 幻灯片切换

C. 自定义动画　　D. 动画方案

57. 放映幻灯片时，如果要从第 2 张幻灯片跳到第 5 张，那么应该在第 2 张幻灯片上添加

______，并对其进行相关设置。

A. 动作按钮　　B. 预设动画

C. 自定义动画　　D. 幻灯片切换

58. PowerPiont 中要移动文本框，应先选中该文本框，鼠标指针放在边框上，使光标变成______。

A. 十字型四方向箭头　　B. 斜方向双向箭头

C. 竖直双向箭头　　D. 水平双向箭头

59. 要以连续方式播放幻灯片，应使用“幻灯片放映”菜单中的“______”命令。

A. 自定义放映　　B. 幻灯片切换

C. 设置放映方式　　D. 动画方案

60. 自定义放映的作用是______。

A. 让幻灯片自动放映

B. 让幻灯片人工放映

C. 让幻灯片按照预先设置的顺序放映

D. 以上都不可以

二、判断题

1. 在使用 PowerPoint 的幻灯片放映演示文稿过程中，要结束放映，可按【Esc】键。（　）

2. 在播放演示文稿时，按【Esc】键不能停止播放。（　）

3. 双击以扩展名.pptx 结尾的文件，可以启动 Power Point 应用程序。（　）

4. 在 PowerPoint 中，演示文稿默认的文件扩展名为.pptx。（　）

5. 用 PowerPoint 的幻灯片普通视图，在任一时刻，主窗口内只能查看或编辑一张幻灯片。（　）

6. 在 PowerPoint 的各种视图中，可以对幻灯片进行移动、删除、添加、复制、设置动画效果，但不能编辑幻灯片中具体内容的视图是幻灯片浏览视图。（　）

7. PowerPoint 为了便于用户编辑和调试演示文稿，提供了多种不同的视图显示方式，这些视图包括幻灯片视图、大纲视图、幻灯片浏览视图、备注页视图及普通视图等。（　）

8. 在 PowerPoint 的各种视图中，显示单个幻灯片以进行文本编辑的视图是幻灯片视图。（　）

9. 在 PowerPoint 的幻灯片浏览视图中，可设置幻灯片的动画效果。（　）

10. 在演示文稿的幻灯片中，要插入剪贴画或照片等图形，应在幻灯片浏览视图中进行。（　）

11. PowerPoint 提供的模板包含预定义的各种格式，不仅包含实际文本内容，还提供建议内容和演播方式。（　）

12. PowerPoint 提供的模板只包含预定义的各种格式，不包含实际文本内容。（　）

13. 在 PowerPoint 的幻灯片上可以插入多种对象，除了可以插入图形、图表外，还可以插入公式、声音和视频等。（　）

14. 在 PowerPoint 中，要取消已设置的超级链接，可将鼠标指针移向设置了超级链接的对象，右键单击，选择“取消超链接”。（　）

15. 在不打开演示文稿的情况下，也可以播放演示文稿。 ( )

16. 在幻灯片中，超链接的颜色设置是不能改变的。 ( )

17. 可以改变单个幻灯片背景的图案和字体。 ( )

18. 演示文稿的背景色最好采用统一的颜色。 ( )

19. 在 PowerPoint 2010 中，若要使幻灯片按规定的时间实现连续自动播放，应进行排练计时。 ( )

20. 在演示文稿中插入超级链接时，所链接的目标可以是幻灯片中的某一个对象。 ( )

第 6 章　电子表格软件 Excel 2010

一、单选题

1. Excel 是 Windows 下的________软件。

A. 文字处理　　B. 电子表格　　C. 桌面印刷　　D. 办公应用

2. 在保存 Excel 工作簿时，默认的工作簿文件名是________。

A. Excel1　　B. 工作簿 1　　C. XL1　　D. 文档 1

3. 在保存 Excel 工作簿时，可按________。

A. 【Ctrl】+【C】组合键　　B. 【Ctrl】+【E】组合键

C. 【Ctrl】+【S】组合键　　D. 【Esc】键

4. 在 Excel 中，Sheet1、Sheet2 等表示________。

A. 工作簿名　　B. 工作表名　　C. 文件名　　D. 单元格数据

5. 在 Excel 中，默认的工作表有________。

A. 1 个　　B. 3 个　　C. 256 个　　D. 16 个

6. 关于工作表叙述正确的是________。

A. 工作表是计算和存取数据的文件

B. 工作表的名称在工作簿的顶部显示

C. 无法对工作表的名称进行修改

D. 工作表的默认名称为“Sheet1”，“Sheet2”……

7. 关于工作簿和工作表说法中正确的是________。

A. 只能在同一工作簿内进行工作表的移动和复制

B. 每个工作簿仅包含 3 张工作表

C. 工作簿中正在操作的工作表称为活动工作表

D. 图表必须和数据源在同一工作表

8. Excel 中存储数据的最小单位是________。

A. 工作簿　　B. 工作表　　C. 单元格　　D. 工作区域

9. 在向 A1 单元格中输入字符串时，其长度超过 A1 单元格的显示长度，若 B1 单元格为空，则字符串的超出部分将________。

A. 被删除截断　　B. 作为另一个字符串存入 B1 中

C. 显示#######　　D. 连续超格显示

10. 在向 A1 单元格中输入字符串时，其长度超过 A1 单元格的显示长度，若 B1 单元格非空，则字符串的超出部分将________。

A. 被截断，加大 A1 列宽后照常显示

B. 作为另一个字符串存入 B1 中

C. 显示 #######

D. 超过单元格的内容被隐藏起来

11. 单击第一张工作表标签后，按住【Shift】键后再单击第 5 张工作表标签，则选中________张工作表。

A. 0 B. 1 C. 2 D. 5

12. 单击第一张工作表标签后，按住【Ctrl】键后再单击第 5 张工作表标签，则选中________张工作表。

A. 0 B. 1 C. 2 D. 5

13. 若在 A1 单元格中输入:'123，则 A1 单元格中的内容为________。

A. 字符串 123 B. +123 C. 数值 123 D. −123

14. 将 123 作为文本数据输入某单元格，错误的输入方法是________。

A. '123 B. 先设置为文本格式，然后输入:123

C. "123" D. 先输入:123，然后设置为文本格式

15. 删除单元格与清除单元格操作________。

A. 不一样 B. 一样 C. 不确定 D. 确定

16. 在 Excel 工作表的编辑过程中，按钮的功能为________。

A. 复制输入的文字 B. 复制输入单元格的格式

C. 重复打开文件 D. 删除

17. 在 Excel 工作表中，若要输入邮政编码，要________。

A. 将单元格数字格式设置为“科学计数”

B. 将单元格数字格式设置为“常规”

C. 将单元格数字格式设置为“数值”

D. 将单元格数字格式设置为“文本”

18. 在 Excel 中要输入日期，要________。

A. 将单元格数字格式设置为“科学计数”

B. 将单元格数字格式设置为“常规”

C. 将单元格数字格式设置为“数值”

D. 将单元格数字格式设置为“日期”

19. 将所选多列按指定数字调整为等列宽，最快的方法是________。

A. 直接在列标处拖动到等列宽

B. 无法实现

C. 选择“开始”→“单元格”→“格式”→“列”→“列宽”命令

D. 选择“开始”→“单元格”→“格式”→“列”→“最合适列宽”命令

20. 选定不相邻的多个区域时使用的按键是________。

A. 【Shift】键 B. 【Alt】键 C. 【Ctrl】键 D. 【Enter】键

21. 在 Excel 中，单元格的地址中 A5 表示________。

A. 第 A 列第 5 行 B. 第 A 行第 5 列

C. 数据　　D. 以上都不对

22. 在选定单元格的操作中先选定 A2，按住【Shift】键，然后单击 C5，这时选定的单元格区域为________。

A. A2:C5　　B. A1:C5　　C. B1:C5　　D. B2:C5

23. 某区域是由 A1、A2、A3、B1、B2、B3 六个单元格组成，不能使用的区域标识为________。

A. A1:B3　　B. A3:B1　　C. B3:A1　　D. A1:B1

24. 将 B2 单元格中的公式“=A1+A2−C1”复制到单元格 C3 后的公式为________。

A. =A1+A2+C6　　B. =B2+B3−D2　　C. =D1+D2+F6　　D. D1*D2*F6

25. 工作表 D7 单元格中的公式为“A7+$B$4”，删除第 5 行后 D6 单元格中的公式为________。

A. A6+$B$4　　B. A5+$B$4　　C. A7+$B$4　　D. A7+$B$3

26. 已知 A1、B1 单元格中的数据为 33、55，C1 中的公式为“A1+B1”，其他单元格均为空。若把 C1 中的公式复制到 C2，则 C2 显示为________。

A. 88　　B. 0　　C. A1+B1　　D. 55

27. 若 A1 单元格中为数值 10，B1 中为￥34.50，C1 单元格中输入公式 " =A1+B1 "，则 C1 中显示的结果为________。

A. 44.50　　B. ￥44.50　　C. 0　　D. #VALUE

28. 在 A1 中输入“XYZ”，B1 中输入数据 100，C1 中输入公式“IF(AND(A1= " XYZ ", B1<100),B1+10, B1−10)”,则 C1 中结果为________。

A. 90　　B. B1−10　　C. 110　　D. B1+10

29. 在 A1 单元格中输入公式“=IF(2=9/3>1+2*3， " 对 "， " 错 ")”,确认后，A1 单元格中的结果为________。

A. 错　　B. 对　　C. #VALUE　　D. #REF!

30. 在 A1 单元格中输入公式“=MOD(16,−6)”，确认后，A1 单元格中的结果为________。

A. 4　　B. −4　　C. 2　　D. −2

31. Excel 中计算平均值的函数是________。

A. COUNT　　B. AVERAGE　　C. MAX　　D. SUM

32. 以下各类函数中，不属于 Excel 函数的是________。

A. 统计　　B. 财务　　C. 数据库　　D. 类型转换

33. 在 Excel 日期运算中，以下正确的公式输入是________。

A. =/99-11-12/-/99-9-5/

B. = (99-11-12)-(99-9-5)

C. = " 99-11-12 " - " 99-9-5 "

D. 以上都不正确

34. 在 A1 单元格中输入数据$12345 确认后，A1 单元格中的结果为________。

A. $12345　　B. $12,345　　C. 12345　　D. 12,345

35. 在 Excel 中，若要将工作表标题居中，可使用的按钮为________。

A.　　B.　　C.　　D.

36. 在进行自动汇总前必须对数据清单进行________。

A. 筛选　　B. 排序　　C. 建立数据库　　D. 有效计算

37. 在 Sheet2 的 C1 单元格中需要引用 Sheet1 中 A2 单元格中的数据，正确的引用为________。

A. Sheet1!A2　　B. Sheet1!(A2)　　C. (Sheet1)!A2　　D. (Sheet1)(A2)

38. 若在工作簿 Book2 的当前工作表中引用工作簿 Book1 中 Sheet1 中的 A2 单元格数据，正确的引用是________。

A. [book1.xlsx]!a2　　B. Sheet1! $A$2

C. [book1.xlsx]Sheet1! $A$2　　D. Sheet1!A2

39. 将 D1 单元格中的公式复制到 E4 单元中，不可以使用的方法是________。

A. 复制→选择性粘贴　　B. 剪切→粘贴

C. 复制→粘贴　　D. 直接拖动

40. 下列属于 Excel 视图方式的有________。

A. 普通视图　　B. 大纲视图　　C. 打印预览视图　　D. 页面视图

41. 改变 Excel 图表的大小可以通过拖动图表________来完成。

A. 边线　　B. 控点　　C. 中间　　D. 上部

42. 改变图表的类型，可以使用“________”功能区中的命令。

A. 工具　　B. 图表工具-设计

C. 格式　　D. 窗口

43. 在 Excel 中以工作表 Sheet1 中某区域的数据为基础建立的独立工作图表，该图表标签“表 1”在标签栏中的位置是________。

A. Sheet1 之前　　B. Sheet1 之后　　C. 最后一个　　D. 不确定

44. 在 Excel 中激活图表的正确方法有________。

A. 用键盘上的箭头键　　B. 使用鼠标单击图表

C. 按【Enter】键　　D. 按【Tab】键

45. 在分类汇总前，数据清单的第一行里必须有________。

A. 标题　　B. 列标　　C. 记录　　D. 空格

46. Excel 中的数据透视表的功能是________。

A. 交叉分析表　　B. 数据排序　　C. 图表　　D. 透视

47. 若一个工作簿有 16 张工作表，标签为 Sheet1～Sheet16。若当前工作表为 Sheet5，将该表复制一份到 Sheet8 之前，则复制的工作表标签为________。

A. Sheet5(2)　　B. Sheet5　　C. Sheet8(2)　　D. Sheet7(2)

48. 在 Excel 中有关分页的正确的说法有________。

A. 只能在工作表中加入水平分页符

B. 可通过插入水平分页符来改变页面数据行的数量

C. Excel 会按纸张大小、页边距的设置和打印比例的设定自动插入分页符

D. 可通过插入垂直分页符来改变页面数据列的数量

49. Excel 工作簿中既有工作表又有图表，当选择“文件”→“保存”命令时，则________。

A. 只保存工作表文件　　B. 只保存图表文件

C. 将工作表和图表作为一个文件保存　　D. 分成两个文件来保存

50. 在 Excel 中常用的函数中函数“SUM(范围)”的功能是________。

A. 求范围内所有数字的平均值　　B. 求范围内数据的和

C. 求范围内数据的个数　　D. 返回函数中的最大值

51. 在 Excel 中，在单元格中输入公式时，公式中可含数字及各种运算符号，但不能包含________。

A. %　　　B. $　　　C. 空格　　　D. &

52. 运算符可对公式中的元素进行特定类型的运算。Excel 有 4 种类型的运算符：算术运算符、比较运算符、文本运算符和引用运算符。其中符号“:”属于________。

A. 算术运算符　　　B. 比较运算符　　　C. 文本运算符　　　D. 引用运算符

53. 可以将 Excel 数据以图形方式显示在图表中，图表与生成它们的工作表数据相链接。但修改工作表数据时，图表________。

A. 不会更新　　　B. 可能被更新　　　C. 会被更新　　　D. 会自动更新

54. 在 Excel 中，工作表各列数据的第一行均为标题，在排序时选取标题行一起参与排序，则排序后标题行在工作表数据清单中将________。

A. 总出现在第一行　　　B. 总出现在最后一行

C. 依指定的排列顺序而确定其出现位置　　　D. 总不显示

55. 在 Excel 中，如果要创建的工作簿中含有自己所喜爱的格式，就可以________为基础来建立它。

A. 模板　　　B. 模型　　　C. 格式　　　D. 工作表

56. 在 Excel 中，当公式中出现被零除的现象时，产生的错误值是________。

A. #N/A!　　　B. #DIV/0!　　　C. #NUM!　　　D. #VALUE!

57. 在 Excel 的单元格中输入日期时，年、月、日分隔符可以是________。

A. “/”或“-”　　　B. “.”或“|”　　　C. “/”或“\”　　　D. “\”或“-”

58. 在 Excel 环境中用来存储并处理工作表数据的文件称为________。

A. 单元格　　　B. 工作区　　　C. 工作簿　　　D. 工作表

59. 在 Excel 工作表单元格中，输入下列表达式_____是错误的。

A. =(15-A1)/3　　　B. =A2/C1

C. SUM(A2:A4)/2　　　D. =A2+A3+D4

60. 在 Excel 工作簿中，有关移动和复制工作表的说法，正确的是_____。

A. 工作表只能在所在工作簿内移动，不能复制

B. 工作表只能在所在工作簿内复制，不能移动

C. 工作表可以移动到其他工作簿内，不能复制到其他工作簿内

D. 工作表可以移动到其他工作簿内，也可以复制到其他工作簿内

二、判断题

1. 启动 Excel 后默认的工作簿名为“工作簿 1”。（　　）
2. 在 Excel 中可同时打开多个工作簿。（　　）
3. 在 Excel 工作簿中，工作表最多可设置 16 个。（　　）
4. 在 Excel 的同一工作簿中的不同工作表可以有相同的名称。（　　）
5. Excel 中的工作表可以重新命名。（　　）
6. Excel 工作表中每一行、列的交汇处所指定的位置称为单元格地址。（　　）
7. Excel 中的标签拆分框是位于标签栏和水平滚动条之间的小竖块，用于调整标签栏和水平滚动条窗口的大小。（　　）
8. Excel 中单元格可用来存取文字、公式、函数和逻辑值等数据。（　　）

9. Excel 中编辑输入数据只能在单元格中进行。 （ ）

10. Excel 可根据用户在单元格内输入字符串的第一个字符，判定该字符串为数值或字符。 （ ）

11. 在 Excel 单元格中输入 3/5，就表示数值五分之三。 （ ）

12. 在 Excel 单元格中输入 4/5 的输入方法为“0 4/5”。 （ ）

13. 在 Excel 的时间格式中，若包含有 AM 或 PM，则根据 12 小时的计量单位计算时间。 （ ）

14. 输入邮政编码 710000 时，要在 710000 前加上“'”。 （ ）

15. 在 Excel 中可以建立日期序列。 （ ）

16. 在 Excel 中可以选择“开始”→“编辑”→“填充”→“系列”菜单命令来实现数据的自动填充。 （ ）

17. Excel 中可以输入有效数据，有效数据是指用户可以预先设置某一单元格允许输入的数据类型、范围，并可以设置提示信息。 （ ）

18. Excel 中单元格的引用为行号加上列标。 （ ）

19. Excel 同一工作簿中的工作表不能相互引用。 （ ）

20. “Sheet3!B5”代表 Sheet3 工作表中的 B 列 5 行所指的单元格地址。 （ ）

21. Excel 规定单元格或单元格范围的名字的第一个字符必须是字母或文字。 （ ）

22. Excel 规定同一工作表中所有的名字是唯一的。 （ ）

23. 在 Excel 工作表中选定不连续的区域时要按住【Shift】键，选择连续的区域时要按住【Ctrl】键。 （ ）

24. Excel 规定不同的工作簿中不能将工作表名字重复定义。 （ ）

25. 在 Excel 中若要删除工作表，首先选定工作表，然后选择“开始”→“编辑”→“清除”命令。 （ ）

26. 在 Excel 工作簿中可以移动工作表。 （ ）

27. Excel 工作簿中的工作表可以复制到其他工作簿中。 （ ）

28. Excel 中选定单元格的范围不能超出当前的屏幕范围。 （ ）

29. Excel 中的清除操作是将单元格的内容清除，包括其所在的地址。 （ ）

30. Excel 中的删除操作只是将单元格的内容删除，而单元格本身仍然存在。 （ ）

31. Excel 中删除行（或列），后面的行（或列）可以向上（或向左）移动。 （ ）

32. Excel 中删除单元格可以选择“开始”→“单元格”→“删除”命令。 （ ）

33. Excel 中插入单元格后，现有的单元格位置不会发生变化。 （ ）

34. 选择性粘贴中的转置是将工作表选定范围内的行与列对换。 （ ）

35. Excel 中使用公式的主要目的是为了节省内存。 （ ）

36. 在 Excel 中填充的方向只有向上和向下两种。 （ ）

37. 在 Excel 中自动填充是根据初始值决定以后的填充内容。 （ ）

38. 用 Excel 绘制的图表，其图表中图例文字的字样是可以改变的。 （ ）

39. 在 Excel 中建立图表是指在工作表中插入一张图片。 （ ）

40. 在 Excel 中可以为图表加上标题。 （ ）

41. 在 Excel 中图表的类型和大小可以改变。 （ ）

42. 在 Excel 中使用公式计算时，其公式一定会永远在单元格中显示出来。 （ ）

43. 在 Excel 中当用户复制某一公式后，系统会自动更新单元格的内容，但不计算结果。

44. 在 Excel 中使用【Ctrl】+【`】（键盘左上角）组合键可以实现单元格中显示结果和显示公式之间的切换。（ ）

45. 在 Excel 工作表中设置边框时，只能通过功能区中的按钮来设置。（ ）

46. 设置单元格中数据的垂直对齐方式，可以选择“开始”→“对齐方式”中的命令按钮。（ ）

47. Excel 中提供了筛选命令按钮来筛选数据。（ ）

48. 数据透视表的功能是做数据交叉分析表。（ ）

49. 在 Excel 中当原始数据清单的数据变化后，数据透视表的内容也随之更新。（ ）

50. 在 Excel 中可以插入对象，对象可以是由 Excel 创建的工作表，但不能是一幅图片。（ ）

51. 在 Excel 中排序操作不仅适用于整个表格，而且对工作表中任意选定范围都可以。（ ）

52. 分类汇总是按一个字段进行分类汇总，而数据透视表数据则适合按多个字段进行分类汇总。（ ）

53. 对 Excel 中工作表数据分类汇总，汇总选项可有多个。（ ）

54. 工作表的打印一定要选择“文件”→“打印”命令。（ ）

55. 在 Excel 的某个单元格中输入了时间、日期，在系统内部实际上日期都是用整数来表示的，时间都是用小数来表示的。（ ）

56. 在 Excel 中，日期为数值的一种。（ ）

57. 在一个工作簿中不能引用其他工作簿中的工作表。（ ）

58. 在 Excel 中，图表一旦建立，其标题的字体、字形是不可改变的。（ ）

59. Excel 提供了 11 种运算函数，其中，COUNT 函数为默认函数。（ ）

60. 在 Excel 的单元格引用中，单元格地址不会随位移的方向与大小而改变的引用称为相对引用。（ ）

61. 在 Excel 中，去掉某单元格的批注，可选择“审阅”→“批注”→“删除”命令。（ ）

62. 在 Excel 工作表中，若在单元格 C1 中存储一公式 A$4，将其复制到 H3 单元格后，公式仍为 A$4。（ ）

63. 在 Windows 环境下可将其他软件的图片嵌入到 Excel 中。（ ）

64. 在 Excel 中，对单元格内数据进行格式设置，必须要选定该单元格。（ ）

65. Excel 中的“另存为”操作是将现在编辑的文件按新的文件名或路径存盘。（ ）

66. 在 Excel 中，用鼠标拖动不能选定连续的单元格。（ ）

67. 在 Excel 中进行单元格复制时，无论单元格是什么内容，复制出来的内容与原单元总是完全一致的。（ ）

68. 在 Excel 中，要想删除某些单元格，应先选定这些单元格，然后单击“剪切”按钮或选择“开始”→“剪贴板”→“剪切”命令。（ ）

69. 数据可以在工作表和工作簿之间传递。（ ）

70. Excel 中单元格中可输入公式，但单元格真正存储的是其计算结果。（ ）

71. 在 Excel 工作表中，单元格的地址是唯一的，由所在的行和列决定。（ ）

72. 在 Excel 中，除能够复制选定单元格中的全部内容外，还能选择地复制单元格中的公式、数字或格式。 ( )

73. 在 Excel 中，若只需打印工作表的部分数据，应先把它们复制到一张单独的工作表中。 ( )

74. 在 Excel 中，若选择“清除全部”则和“删除”相同。 ( )

75. 在 Excel 中，如果一个数据清单需要打印多页，且每页有相同的标题，则可以在“页面设置”对话框中对其进行设置。 ( )

76. 在一个 Excel 单元格中输入“=AVERGE(B1:B3)”，则该单元格显示的结果必是(B1+B2+B3)/3。 ( )

77. 在 Excel 中对数据清单中记录的“筛选”是指经筛选后的数据清单仅包含满足条件的记录，而不满足条件的记录都被删除掉了。 ( )

78. 用鼠标单击区域内的任一单元格，即可释放一个已选中的区域。 ( )

79. 在对 Excel 的工作簿单元格进行操作时，也可以进行外部引用。外部引用表示必须加上“!”符号。 ( )

80. 在 Excel 表格中，在对数据清单分类汇总前，必须做的操作是排序。 ( )

第 7 章 数据库技术基础

一、单选题

1. Access 2010 是________数据管理系统。

A. 层次型　　B. 链状型　　C. 网状型　　D. 关系型

2. 建立 Access 数据库时要创建一系列对象，其中最基本的是创建________。

A. 数据基本表　　B. 查询　　C. 表之间的关系　　D. 报表

3. Access 数据库的________功能，可以实现在 Access 与其他应用软件（如 Excel）之间进行数据的传输和交换。

A. 数据定义　　B. 数据操作　　C. 数据控制　　D. 数据通信

4. 若使打开的数据库文件能为网上其他用户共享，但只能浏览数据不能修改，要选择打开数据库文件的方式为________打开。

A. 直接　　B. 以只读方式

C. 以独占方式　　D. 以独占只读方式

5. 在数据库中定义表结构时，不用定义________。

A. 字段名　　B. 数据库名　　C. 字段类型　　D. 字段长度

6. 在有关主键的描述中，错误的是________。

A. 主键可以由多个字段组成　　B. 主键不能为空值，创建后可以取消

C. 每个表都必须指定主键　　D. 主键的值，对于每个记录必须是唯一的

7. 若为方便大批量的数据打印，如打印准考证，应使用________。

A. 纵栏式报表　　B. 表格式报表　　C. 图表报表　　D. 标签报表

8. 数据库是按一定的结构和规则组织起来的________的集合。

A. 相关数据　　B. 无关数据

C. 杂乱无章的数据　　D. 排列整齐的数据

9. 二维表由行和列组成，每一行表示关系的一个________。

A. 属性　　B. 字段　　C. 集合　　D. 记录

10. 在 Access 数据库中使用的对象有数据基本表、查询、报表、________、宏、模块和网页。

A. 视图　　B. 窗体　　C. 预览　　D. 打印

11. 字段的有效性规则的作用是________。

A. 不允许字段的值超出某个范围　　B. 不允许字段的值为空

C. 未输入数据前，系统自动提供数据　　D. 系统给出输入数据的提示信息

12. 在数据表视图的方式下，表示当前操作行的标识符是________。

A. 三角形　　B. 星形　　C. 铅笔形　　D. 方形

13. 假定已建立一个学生成绩表，其字段如下：#字段名字段类型 1 姓名文本 2 性别文本 3 语文数字型 4 数学数字型 5 总分数字型。要求用设计视图创建一个查询，查找总分在 160 分以上（包括 160 分）的女同学的姓名、性别和总分，设置查询条件应为________。

A. 在条件单元格键入：总分>=160 OR 性别="女"

B. 在条件单元格键入：总分>=160 AND 性别="女"

C. 在总分的条件单元格键入：总分>=160；在性别的条件单元格键入：性别="女"

D. 在总分的条件单元格键入：>=160；在性别的条件单元格键入："女"

14. 每个报表都有三种视图，即________。

A. 设计视图、打印预览、版面预览　　B. 设计视图、打印预览、普通视图

C. 数据视图、设计视图、版面预览　　D. 数据视图、版面预览、普通视图

15. 数据模型用于表示实体间的联系，以下的________不是常用的数据模型。

A. 链状模型　　B. 网状模型　　C. 关系模型　　D. 层次模型

16. 关系数据库以________的形式组织和存放数据。

A. 窗体　　B. 报表　　C. 二维表　　D. 查询

17. Access 2010 的基本功能有 3 个，不包括下面的________。

A. 建立数据库　　B. 编辑图片

C. 其他软件的数据通信　　D. 数据库操作

18. Access 中建立的对象都存放在同一个数据库文件中，这个文件的扩展名是________。

A. doc　　B. dbf　　C. xlsx　　D. mdb

19. 表设计视图上半部分的表格用于设计表中的字段，表格的每一行均由 4 部分组成，它们从左到右依次为________。

A. 行选择区、字段名称、数据类型、字段大小

B. 行选择区、字段名称、数据类型、说明区

C. 行选择区、字段名称、数据类型、字段特性

D. 行选择区、字段名称、数据类型、字段属性

20. 在数据表视图的方式下，用户可以进行的操作不包括________。

A. 修改表中记录的数据

B. 使用“格式”菜单，更改数据表的外观，如行高、列宽、隐藏、数据表格式

C. 使用“记录”菜单，对表中的记录进行查找、排序、筛选、打印

D. 修改表中的字段属性

21. 数据库系统的出现，是计算机数据处理技术的重大进步，它具有的特点是________。

A. 在应发工资的条件单元格键入：应发工资>=3000 OR 性别="女"

B. 在应发工资的条件单元格键入：应发工资>=3000 AND 性别="女"

C. 在应发工资的条件单元格键入：应发工资>=3000；在性别的条件单元格键入：性别="女"

D. 在应发工资的条件单元格键入：>=3000；在性别的条件单元格键入"女"

22. 数据库中的查询向导不能创建________。

A. 简单查询　B. 参数查询　C. 交叉表查询　D. 重复项查询

23. Access 数据库对象不包括________。

A. 报表　B. 宏　C. 模块　D. 关系

24. Access 数据表中，用于唯一标识一个记录的字段或字段组合的称为________。

A. 主索引　B. 参照完整性　C. 主键　D. 有效性规则

25. Access 的运算符不包括________。

A. &　B. like　C. /　D. @

26. ________是 Access 中正确的日期常量表示形式。

A. 2011-5-l　B. 2011.5.1　C. #2011-5-1#　D. "2011-5-1"

27. 在"表设计"工具栏中，"主键"按钮的作用是________。

A. 只能把选定的字段设置为关键字

B. 把选定的字段设置为关键字，或将已设好的关键字取消

C. 弹出设置关键字对话框，以便设置关键字段

D. 查找关键字字段

28. 在 Access 数据库中，________不是记录的筛选方式。

A. 内容排除筛选　B. 按窗体筛选

C. 按选定内容筛选　D. 自动筛选

29. Access 数据库中________是实际存放数据的地方。

A.表　B. 查询　C. 报表　D. 窗体

30. Access 查询中没有________。

A. 替换查询　B. 交叉表查询　C. 参数查询　D. SQL 查询

31. 下列关于查询的说法中________是正确的。

A. 选择查询和数据表是两个不同的数据库对象，它们分别有自己的数据

B. 在选择查询结果集中的数据可以被修改，但不会影响数据表中的数据

C. 在选择查询结果集中的数据不能被修改

D. 在选择查询结果集中修改数据，实际上就是修改数据表中的数据

32. 下列关于窗体的叙述中，不正确的是________。

A. 窗体对数据表可以编辑数据，添加新记录，删除记录

B. 窗体的数据源可以是表，也可以是查询

C. 窗体对数据表可以根据需要设置允许/禁止编辑数据、添加新记录、删除记录

D. 窗体不能对数据表添加新记录、删除记录，只能编辑数据

33. 用"设计视图"修改报表的内容不包括________。

A. 更改报表记录源　B. 向报表工作区添加控件

C. 在报表中加入数据访问页　D. 设置和修改报表的属性

34. Access 数据表中的每一行称为一个________。

A. 记录　B. 连接　C. 字段　D. 模块

35. Access 查询中________不属于操作查询。

A. 删除查询　B. 选择查询　C. 更新查询　D. 追加查询

36. 查询的数据源可以是________。

A. 窗体　B. 报表　C. 页　D. 数据基本表

37. 下列类型的窗体中，________窗体不能编辑数据源的数据。

A. 纵栏式　B. 数据透视表　C. 表格式　D. 数据表

38. Access 不能创建________类型的报表。

A. 纵栏式　B. 表格式　C. 图表　D. 数据透视图

39. 数据库的报表是________。

A. 按照需要的格式浏览、打印数据库中数据的工具

B. 数据库的一个副本

C. 数据基本表的硬拷贝

D. 实现查询的主要方法

40. 下列不属于数据库管理系统的是________。

A. Oracle　B. SQL Server　C. Access 2010　D. Word 2010

二、判断题

1. 数据库由表组成。（　）
2. Access 和 Excel 没什么区别，都能对数据进行处理。（　）
3. 数据模型有层次模型、网状模型和关系模型三种。（　）
4. Access 是一种关系型数据库管理系统。（　）
5. 窗体和报表的作用不一样。（　）
6. 对记录的添加、修改、删除等操作只能在表中进行。（　）
7. 查询可以建立在表上，也可以建立在查询上。（　）
8. 添加、修改记录时，光标离开当前记录后，即会自动保存。（　）
9. 自动编号字段不允许输入数据（　）
10. 新记录必定在数据表的最下方。（　）
11. Access 支持的查询类型有选择查询、统计查询、参数查询、SQL 查询和操作查询。（　）
12. 可以根据数据表和已建查询创建查询。（　）
13. 用 E-R 图能够表示实体集之间一对一的联系、一对多的联系、多对多的联系。（　）
14. 查询是从数据库的表中筛选出符合条件的记录，构成一个新的数据集合。（　）
15. 可以在表中任意位置插入新记录。（　）
16. 删除自动编号的表后，再添加新记录时，自动编号将自动使用删除的编号。（　）
17. 在数据库中，打开一个表后，另一个表将自动关闭。（　）
18. 表间关系双方联系的对应字段的字段类型需相同。（　）
19. 在 Access 数据库中，记录是由字段组成的，字段是数据库中表示信息的最小单位。

( )

20. 主键用来唯一标识表中的每一条记录，即不同记录中的主键内容各不相同。

( )

第 8 章　计算机网络与应用

一、单选题

1. Internet 最早起源的时期是________。
   A. 第二次世界大战期间　B. 20 世纪 60 年代末
   C. 20 世纪 70 年代末　D. 20 世纪 90 年代初期
2. 计算机网络的特点是________。
   A. 运算速度快　B. 精度高　C. 资源共享　D. 内存容量大
3. 中国教育科研网是________。
   A. Intranet　B. CERNET　C. NCFC　D. CHINANET
4. 在 Internet 上，可以将一台计算机作为另一台主机的远程终端，从而使用该主机资源，该项服务称为________。
   A. FTP　B. Telnet　C. Gopper　D. BBS
5. Internet 是一个________。
   A. 大型网络　B. 国际性计算机公司
   C. 大软件　D. 网络的集合
6. IP 是________之间的通信协议。
   A. 用于 Internet 和非 Internet　B. 用于 Internet 中的任何计算机
   C. 仅用于 Internet 中局域网内部　D. 用于 Internet 中局域网之外
7. TCP 的主要功能是________。
   A. 进行数据分组　B. 保证可靠传输
   C. 确定数据传输路径　D. 提高传输速度
8. 新浪网的网址为“sina.com.cn”，表示最高层域的是________。
   A. sina　B. com　C. cn　D. 以上都不是
9. 用于拨号上网的网络连接设备是________。
   A. 集线器　B. 网络适配器　C. 中继器　D. 调制解调器
10. 当电子邮件到达时，若收件人没有开机，该邮件将________。
    A. 自动退回给发件人　B. 在开机时向对方重新发送
    C. 保存在 E-mail 服务器上　D. 该邮件丢失
11. 以下电子邮件地址________是正确的。
    A. Fox a mh.bit.edu.com　B. mh.bit.edu.cn@fox
    C. Fox@mh.bit.edu.com　D. Fox@mh.bit.com
12. HTML 的含义是________。
    A. 主页制作语言　B. WWW 编程语言
    C. 超文本标记语言　D. 浏览器编程语言
13. 超文本的含义是________。

A. 该文本中包含有图像　　B. 该文本中包含有声音

C. 该文本中包含有二进制字符　　D. 该文本有链接到其他文本的链接点

14. WWW 最初创建于________年。

A. 1969　　B. 1979　　C. 1989　　D. 1994

15. 在浏览网页的过程中，为方便以后多次访问某一个网页，可以将这个网页______。

A. 建立地址簿　　B. 建立浏览历表

C. 记录到笔记本上　　D. 放到收藏夹中

16. 用户标识就是用户的________。

A. 真名　　B. 口令　　C. 账号　　D. ISP 主机名

17. 下列选项中，________不是 Gopher 服务器软件提供的功能。

A. 信息检索服务　　B. 直接获取资料

C. 发送电子邮件　　D. 服务器之间漫游

18. 广域网和局域网是按照________来分的。

A. 网络使用者　　B. 信息交换方式

C. 网络作用范围　　D. 传输控制协议

19. 决定网络性能的关键是________。

A. 网络传输介质　　B. 网络的拓扑结构

C. 网络操作系统　　D. 网络硬件

20. Internet 采用的网络协议是________。

A. EPX/SPX　　B. TCP/IP　　C. NetBEUI　　D. 以上都不是

21. 国际标准化组织定义了开放系统互连模型（OSI），该参考模型协议分成________层。

A. 5　　B. 6　　C. 7　　D. 8

22. 在 Windows 中采用拨号入网使用的软件是________。

A. 超级终端　　B. 拨号网络　　C. 电话拨号程序　　D. 以上都是

23. 在使用 Internet Explorer 浏览某个网站的网页时，看到一幅漂亮的图像，想将其作为墙纸，完成这个操作要用到的菜单命令是________。

A. “另存为”　　B. “设置为背景”

C. 在第一幅图像处单击鼠标右键　　D. “复制背景”

24. HTTP 是一种________。

A. 超文本传输协议　　B. 程序设计语言

C. 网址　　D. 域名

25. 以下________程序在 Windows 中用于浏览 WWW 网页。

A. Internet Explorer　　B. Outlook Express

C. Excel　　D. 超级终端

26. 在 Internet 上可以________。

A. 查询检索资料　　B. 打国际长途电话

C. 点播电视节目　　D. 以上都对

27. 电子邮件地址的格式为“username@hostname”，其中 hostname 为________。

A. 用户地址名　　B. ISP 某台主机的域名

C. 某公司名　　D. 某国家名

28. URL 的一般格式为________。

A. 协议名/计算机域名地址[路径[文件名]]
B. 协议名:/计算机域名地址[路径[文件名]]
C. 协议名:/计算机域名地址/[路径[文件名]]
D. 协议名://计算机域名地址[路径[文件名]]

29. 网络操作系统与局域网上的工作模式有关，一般有________。
A. 对等模式和文件服务器模式
B. 文件服务器模式和客户/服务器模式
C. 对等模式、文件服务器模式和客户/服务器模式
D. 对等模式和客户/服务器模式

30. 最早的搜索引擎是________。
A. Sohoo　　B. Excite　　C. Lycos　　D. Yahoo

31. 在 Internet Explore 中，如果按 Web 方式下载文件，那么只需要________。
A. 找到所要下载的文件并双击　　B. 找到所要下载的文件链接并双击
C. 找到所要下载的文件并单击　　D. 找到所要下载的文件链接并单击

32. 关于收发电子邮件，以下叙述________不正确。
A. 向对方发送电子邮件时，并不要求对方开机
B. 可用电子邮件发送可执行文件
C. 一次发送操作，可以发送给多个接收者
D. 接收方无需了解对方地址就可以回复

33. 局域网的英文缩写是____。
A. WAN　　B. LAN　　C. MAN　　D. Internet

34. 在下列网络的传输介质中，抗干扰能力最好的是____。
A. 光缆　　B. 同轴电缆　　C. 双绞线　　D. 电话线

35. 有一域名为 www.gxut.edu.cn，根据域名代码的规定，此域名表示____。
A. 政府机关　　B. 文献检索　　C. 军事部门　　D. 教育机构

36. 下列说法错误的是________。
A. 电子邮件是 Internet 提供的一项最基本的服务
B. 电子邮件具有快速、高效、方便和价廉等特点
C. 通过电子邮件，可向世界上任何一个角落的网上用户发送信息
D. 可发送的多媒体只有文字和图像

37. 通过计算机网络可以进行收发电子邮件，它除可收发普通电子邮件外，还可以________。
A. 传送计算机软件　　B. 传送语言　　C. 订阅电子报刊　　D. 以上都对

38. Internet 中的浏览器属于________。
A. 硬件　　B. 系统软件　　C. 通信接口　　D. 应用软件

39. 用 Internet Explorer 浏览网页时，如果当前页已经过期，可以使用________按钮更新页面。
A. 前进　　B. 后退　　C. 停止　　D. 刷新

40. ________属于局域网中外部设备的共享。
A. 将多个用户的计算机同时开机
B. 借助网络系统传送数据
C. 局域网中的多个用户共同使用某个应用程序

D. 局域网中的多个用户共同使用网上的一个打印机

41. 下列关于网络的特点的几个叙述中，不正确的一项是________。

A. 网络中的数据共享

B. 网络中的外部设备可以共享

C. 网络中的所有计算机必须是同一品牌、同一型号

D. 网络方便了信息的传递和交换

42. 用 Internet Explorer 浏览器浏览某一网页时，要在新窗口显示另一网页，正确的操作方法是________。

A. 在“地址栏”中输入 Internet 地址，再按【Enter】键

B. 选择“查看”→“转到”→“主页”命令

C. 选择“文件”→“新建”→“窗口”命令，在打开窗口的地址栏中输入 Internet 地址，再按【Enter】键

D. 选择“文件”→“打开”命令，在打开对话框的地址栏中输入网址

43. URL 的意思是________。

A. 统一资源定位器　　B. Internet 协议

C. 简单邮件传输协议　　D. 传输控制协议

44. 以下不属于局域网的拓扑结构的是________。

A. 环形　　B. 星形　　C. 链形　　D. 树形

45. 在 Internet 中用于远程登录服务的是________。

A. FTP　　B. E-mail

C. Telnet　　D. WWW

46. Internet 比较确切的一种含义是________。

A. 一种计算机的品牌　　B. 网络中的网络，即使各个网络互联

C. 一个网络的顶级域名　　D. 美国军方的非机密军事情报网络

47. QQ 是指________。

A. 文件传输工具　　B. 网上交谈工具

C. 浏览器　　D. 远程登录工具

48. 在使用 Internet Explorer 浏览网页时，如果想将当前浏览过的地址保存进收藏夹中，可以________。

A. 单击工具栏的“收藏夹”按钮

B. 按【Ctrl】+【D】组合键

C. 选择“收藏夹”→“添加到收藏夹”命令

D. 以上都对

49. 在 Internet 中用于文件传送服务的是________。

A. FTP　　B. E-mail　　C. Telnet　　D. WWW

50. 有关转发电子邮件，不正确的说法是________。

A. 在收件箱中选中要转发的电子邮件，再按“转发”按钮便可

B. 用户可对原电子邮件进行添加、修改，或原封不动地将其转发

C. 若转发时，用户工作在脱机状态，要等到用户联机上网后，再重复发一次才行

D. 转发电子邮件，是用户收到一封邮件后，再寄给其他成员

51. 下面不属于局域网的硬件组成的是________。

A. 服务器　　B. 工作站　　C. 网卡　　D. 调制解调器

52. 因特网能提供的最基本服务有________。

A. Newsgroup，Telnet，E-mail　　B. Gopher，finger，WWW

C. E-mail，WWW，FTP　　D. Telnet，FTP，WAIS

53. 在 Internet 上，域名地址中的后缀为 cn 的含义是________。

A. 美国　　B. 法国　　C. 英国　　D. 中国大陆

54. 局域网由________统一指挥，提供文件、打印、通信和数据库等功能。

A. 网卡　　B. 工作站

C. 网络操作系统　　D. 数据库管理系统

55. 影响局域网性能的主要因素是局域网的________。

A. 通信线路　　B. 路由器　　C. 中继器　　D. 调制解调器

56. ISO/OSI 是一种________。

A. 网络操作系统　　B. 网桥　　C. 网络体系结构　　D. 路由器

57. TCP/IP 是一种________。

A. 网络操作系统　　B. 网桥　　C. 网络协议　　D. 路由器

58. 普通 PC 连入局域网，需要在该机器内增加________。

A. 传真卡　　B. 调制解调器　　C. 网卡　　D. 串行通信卡

59. 使用 Internet 的 FTP 功能，可以________。

A. 发送和接收电子邮件　　B. 执行文件传输服务

C. 浏览 Web 页面　　D. 执行 Telnet 远程登录

60. 网上"黑客"是指________的人。

A. 匿名上网　　B. 总在晚上上网

C. 在网上私闯他人计算机系统　　D. 不花钱上网

61. 计算机网络中，数据的传输速度常用的单位是________。

A. bit/s　　B. 字符/秒　　C. MHz　　D. Byte

62. WWW 最初是由________实验研制的。

A. CERN　　B. AT&T

C. Microsoft Internet Lab　　D. ARPA

63. 当电子邮件在发送过程中有误时，则通常________。

A. 发送程序将自动把有误的邮件删除

B. 邮件将丢失

C. 发送程序会将原邮件退回，并给出不能寄达的原因

D. 发送程序会将原邮件退回，但不给出不能寄达的原因

64. Internet 为联网的每个网络和每台主机都分配了唯一的地址，该地址由纯数字组成并用小数点分隔，将它称为________。

A. 服务器地址　　B. 客户机地址　　C. IP 地址　　D. 域名

65. 使用电子邮件时，"邮局"一般放在________。

A. 发送方的个人计算机中　　B. ISP 主机中

C. 接收方的个人计算机中　　D. 本地电信局

66. 匿名 FTP 的用户名是________。

A. Guest　　B. Anonymous　　C. Public　　D. Scott

67. 局域网的硬件组成有________、个人计算机、工作站或其他智能设备、网卡和电缆等。

A. 网络服务器　B. 网络操作系统　C. 网络协议　D. 路由器

68. 在 Internet 中用于文件传送的服务是________。

A. FTP　B. E-mail　C. Telnet　D. WWW

69. "ftp://ftp.download.com/pub/doc.txt" 指向的是一个________。

A. FTP 站点　B. FTP 站点的一个文件夹

C. FTP 站点的一个文件　D. 地址表示错误

70. 下列关于电子邮件的说法，正确的是____。

A. 收件人必须有 E-mail 地址，发件人可以没有 E-mail 地址

B. 发件人必须有 E-mail 地址，收件人可以没有 E-mail 地址

C. 发件人和收件人都必须有 E-mail 地址

D. 发件人必须知道收件人住址的邮政编码

二、判断题

1. TCP/IP 是 Internet 上使用的协议。（ ）
2. Modem 的作用是对信号进行放大和整形。（ ）
3. 调制的作用是将从电话线传来的模拟信号转换为计算机可以识别的数字信号。（ ）
4. 内置调制解调器位于机箱内，所以抗干扰能力比外置的要强。（ ）
5. WWW 服务器使用统一资源定位器 URL 编址机制。（ ）
6. WWW 是一种基于超文本方式的信息查询工具。（ ）
7. IP 地址实际上是由一组 16 位的二进制数组成的。（ ）
8. 域名的最高层必须代表国家。（ ）
9. 个人用户可以通过 ISP 连入 Internet。（ ）
10. 任何计算机网络中都必须有网络操作系统。（ ）
11. Internet 使用的语言就是 TCP/IP。（ ）
12. WWW 是 Word Wild Windows 的缩写。（ ）
13. 个人计算机插入网卡、连上电话线就可以联网了。（ ）
14. 用户的电子邮箱地址就是该用户的 IP 地址。（ ）
15. Internet 的域名系统对域名的长度没有限制。（ ）
16. 可以根据需要对一个主机的 IP 地址定义多个域名。（ ）
17. Internet 是一个提供专门的网络服务的国际性组织。（ ）
18. 服务器就是网络中资源被共享的计算机。（ ）
19. PC 接入局域网必须同时安装集线器和网络适配器。（ ）
20. 环型结构的网络具有可靠性高、扩展性好的特点。（ ）
21. 必须通过浏览器才能使用 Internet 提供的服务。（ ）
22. 电子邮件可以发送除文字之外的图形、声音、表格和传真。（ ）
23. 用户可以在 Windows 中自己设置电子邮箱容量的大小。（ ）
24. 上网速度的快慢仅与调制解调器的性能有关。（ ）
25. 一个用户要想使用电子邮件功能，应当让自己的计算机通过网络得到网上一个 E-mail

服务器的服务支持。 ( )

26. 电子邮件只能发给不同类型计算机、不同操作系统、同类型网络结构下的用户。 ( )

27. 统一资源定位器“http://home.net.scape.com/main/indel.html”从左到右依次为服务标志、主机域名、目录名及文件名。 ( )

28. 如果没有设置“Microsoft 网络的文件和打印共享”服务，则不允许局域网上的其他计算机访问本机资源。 ( )

29. 主页就是浏览器中的电子邮件界面。 ( )

30. TCP/IP 适合在小型高速和大型低速的计算机上运行。 ( )

31. 局域网传输的最大距离是几百千米。 ( )

32. FTP 是 Internet 中的一种文件传输服务，它可以将文件下载到本地计算机中。 ( )

33. 互联网是通过网络适配器将各个网络互连起来的。 ( )

34. 多台计算机相连，就形成了一个网络系统。 ( )

35. Windows 对等网上，所有打印机、CD-ROM、硬盘、U 盘都能共享。 ( )

36. 在 Internet 中，一台计算机可以有多个 IP 地址，也可能几台计算机具有同一个 IP 地址。 ( )

37. 计算机通信协议中的 TCP 称为传输控制协议。 ( )

38. 网络协议是用于编写通信软件的程序设计语言。 ( )

39. 广域网中的分组交换网采用 X.25 协议。 ( )

40. 为了能在网络上正确地传送信息，有关人员制定了一整套关于传输顺序、格式、内容和方式的约定，称为通信协议。 ( )

41. 服务器是网络的信息与管理中心。 ( )

42. 在 Internet 上，一台 PC 的 IP 地址、E-mail 地址都是唯一的。 ( )

43. 具有调制和解调功能的装置称为路由器。 ( )

44. 一台带有多个终端的计算机系统即称为计算机网络。 ( )

45. Internet 上有许多不同的复杂网络和许多不同类型的计算机，它们之间互相通信的基础是 TCP/IP。 ( )

46. 调制是将计算机输出的数字信号转变成一串不同频率的模拟信号，通过电话线传输出去。 ( )

47. 网关具有路由器的功能。 ( )

48. OSI 的中文含义是开放系统互连参考模型。 ( )

49. E-mail 是指利用计算机网络及时地向特定对象传送文字、声音、图像或图形的一种通信方式。 ( )

50. 传输介质是网络中发送方与接收方之间的逻辑信道。 ( )

第 9 章 信息安全

一、单选题

1. 通常所说的计算机病毒是指________。

A. 细菌感染　　　　B. 被损坏的程序

C. 生物病毒感染　　　　D. 特制的具有破坏性的程序

2. 目前所使用的防病毒软件的作用是________。

A. 杜绝计算机病毒对计算机的侵害

B. 检查计算机是否感染病毒，清除部分已感染的病毒

C. 检查计算机是否感染病毒，清除已感染的任何病毒

D. 查出已感染的任何计算机病毒，清除部分已感染的病毒

3. 下面列出的可能感染计算机病毒的途径中，不正确的说法有________。

A. 使用来路不明的软件　　　　B. 通过非法的软件复制

C. 编制不符合安全规范的软件　　　　D. 通过把多个 U 盘叠放在一起

4. 网上“黑客”是指________的人。

A. 匿名上网　　　　B. 总在晚上上网

C. 在网上私闯他人计算机系统　　　　D. 不花钱上网

5. 以下对计算机病毒的描述中，________是不正确的。

A. 计算机病毒是人为编制的一段恶意程序

B. 计算机病毒不会破坏计算机硬件系统

C. 计算机病毒的传播途径主要是数据存储介质的交换以及网络的链路

D. 计算机病毒具有潜伏性

6. 计算机病毒传播速度最快的途径是通过________传播。

A. 硬盘　　B. U 盘　　C. 光盘　　D. 网络

7. 为防止黑客入侵，下列做法中有效的是________。

A. 关紧机房的门窗　　　　B. 在机房安装电子报警装置

C. 定期整理磁盘碎片　　　　D. 在计算机中安装防火墙

8. 计算机信息安全技术分为两个层次，其中第一层次为________。

A. 计算机系统安全　　　　B. 计算机数据安全

C. 计算机物理安全　　　　D. 计算机网络安全

9. 计算机信息安全之所以重要，受到各国的广泛重视，主要是因为________。

A. 用户对计算机信息安全的重要性认识不足

B. 计算机应用范围广，用户多

C. 计算机犯罪增多，危害大

D. 信息资源的重要性和计算机系统本身固有的脆弱性

10. 下列哪一个不是预防计算机病毒的可行方法________。

A. 切断一切与外界交换信息的渠道

B. 对计算机网络采取严密的安全措施

C. 对系统软件加上保护

D. 不使用来历不明的、未经检测的软件

11. 使用________是保证数据安全行之有效的方法，它可以消除信息被窃取、丢失等影响数据安全的隐患。

A. 数据加密　　B. 杀毒软件　　C. 数据签名　　D. 备份数据

12. 关于防火墙的描述中，不正确的是________。

A.防火墙可以提供网络是否受到监测的详细记录

B.防火墙可以防止内部网信息外泄

C.防火墙是一种杀灭计算机病毒设备

D. 防火墙可以是一组硬件设备，也可以是实施安全控制策略的软件

13. 对于计算机病毒，按照危害性可分为________两类。

A. 引导型病毒和文件型病毒　　B. 单机病毒和网络病毒

C. 单机病毒和文件型病毒　　D. 良性病毒和恶性病毒

14. 计算机病毒不能侵入________。

A. U 盘　　B. 云盘　　C. CD-ROM 光盘　　D. 硬盘

15. 计算机信息安全的核心技术是________。

A. 数据加密　　B. 数据压缩　　C. 数据库技术　　D. 防病毒

16. 以下关于防火墙的描述，不正确的是________。

A. 防火墙能提供网络是否受到监测和攻击的详细记录

B. 防火墙可以防止内部网信息外泄

C. 防火墙可以是一组硬件设备，也可以是实施安全控制策略的软件

D. 防火墙只是一种防止网络上病毒入侵的硬件设备

17. 按照 2000 年 3 月公布的《计算机病毒防治管理办法》对计算机病毒的定义，下列不属于计算机病毒的有________。

A. Word 文档携带的宏代码，当打开此文档时宏代码会搜索并感染计算机上所有的 Word 文档

B. 用户收到来自朋友的一封电子邮件，当打开邮件附件时，邮件附件将自身发送给该用户地址簿中前 5 个邮件地址

C. QQ 用户打开了朋友发送来的一个链接后，发现每次有好友上线 QQ 都会自动发送一个携带该链接的消息

D. 黑客入侵了某服务器，并在其上安装了一个后门程序

18. 不属于计算机病毒传播途径的是________。

A. 移动硬盘　　B. 内存条　　C. 电子邮件　　D. 网络浏览

19. 不可能是计算机病毒有关的现象有________。

A. 可执行文件大小改变了

B. 在向写保护的 U 盘复制文件时屏幕上出现 U 盘写保护的提示

C. 系统频繁死机

D. 内存中有来历不明的进程

20. 下列电子邮件不属于垃圾邮件的有________。

A. 收件人无法拒收的电子邮件

B. 收件人事先预定的广告、电子刊物等具有宣传性质的电子邮件

C. 含有计算机病毒，色情、反动等不良信息或有害信息的电子邮件

D. 隐藏发件人身份、地址、标题等信息的电子邮件

二、判断题

1. 信息网络的物理安全要从环境安全和设备安全两个角度来考虑。　　(　　)

2. 有很高使用价值或很高机密程度的重要数据应采用加密等方法进行保护。　　(　　)

3. 我们把对信息的防篡改、防删除、防插入的特性称为数据完整性保护。 ( )

4. Windows 防火墙能帮助阻止计算机病毒和蠕虫进入用户的计算机，但该防火墙不能检测或清除已经感染计算机的病毒和蠕虫。 ( )

5. 数据库系统是一种封闭的系统，其中的数据无法由多个用户共享。 ( )

6. 数据库安全只依靠技术即可保障。 ( )

7. 通过采用各种技术和管理手段，可以获得绝对安全的数据库系统。 ( )

8. 防火墙是设置在内部网络与外部网络(如互联网)之间，实施访问控制策略的一个或一组系统。

( )

9. 软件防火墙就是指个人防火墙。 ( )

10. 防火墙安全策略一旦设定，就不能再做任何改变。 ( )

11. 防火墙规则集的内容决定了防火墙的真正功能。 ( )

12. 只要使用了防火墙，企业的网络安全就有了绝对的保障。 ( )

13. 入侵检测技术是用于检测任何损害或企图损害系统的机密性、完整性或可用性等行为的一种网络安全技术。 ( )

14. 计算机病毒的传播离不开人的参与，遵循一定的准则就可以避免感染计算机病毒。

( )

15. 防火墙中不可能存在漏洞。 ( )

16. 所有的漏洞都是可以通过打补丁来弥补的。 ( )

17. QQ 是与朋友联机聊天的好工具，不必担心计算机病毒。 ( )

18. 在计算机上安装防病毒软件之后，就不必担心计算机受到计算机病毒攻击了。

( )

19. 计算机病毒可能在用户打开“txt”文件时被启动。 ( )

20. 如果家里的计算机没有联网，就不会感染计算机病毒。 ( )

PART 1

习题参考答案

第 1～2 章　计算机基础知识

一、单选题

1	2	3	4	5	6	7	8	9	10
B	A	B	D	B	D	A	C	D	A
11	12	13	14	15	16	17	18	19	20
C	C	A	A	C	A	D	C	A	B
21	22	23	24	25	26	27	28	29	30
C	A	D	D	D	C	B	A	B	A
31	32	33	34	35	36	37	38	39	40
A	D	D	A	D	D	C	D	B	D
41	42	43	44	45	46	47	48	49	50
A	C	B	B	C	B	A	B	B	C
51	52	53	54	55	56	57	58	59	60
C	A	D	B	B	C	C	C	D	C
61	62	63	64	65	66	67	68	69	70
B	C	B	A	A	D	D	B	D	B
71	72	73	74	75	76	77	78	79	80
A	D	A	B	B	C	C	D	C	D
81	82	83	84	85	86	87	88	89	90
C	B	D	A	A	C	A	B	B	A
91	92	93	94	95	96	97	98	99	100
A	D	C	A	C	B	B	A	D	A
101	102	103	104	105	106	107	108	109	110
C	B	A	C	D	B	B	B	C	B

二、判断题

1	2	3	4	5	6	7	8	9	10
√	×	×	√	√	√	×	√	×	×
11	12	13	14	15	16	17	18	19	20
√	√	×	×	√	√	√	√	×	×

21	22	23	24	25	26	27	28	29	30
√	√	×	√	√	×	×	×	√	×
31	32	33	34	35	36	37	38	39	40
×	√	√	√	√	√	√	×	√	×
41	42	43	44	45	46	47	48	49	50
√	×	√	√	√	√	×	√	√	×
51	52	53	54	55	56	57	58	59	60
×	×	√	√	×	√	×	√	×	×
61	62	63	64	65	66	67	68	69	70
×	×	√	√	×	√	×	√	×	√
71	72	73	74	75	76	77	78	79	80
√	√	√	√	√	×	×	×	×	√
81	82	83	84	85	86	87	88	89	90
√	√	√	×	√	×	√	√	√	√
91	92	93	94	95	96	97	98	99	100
×	√	×	√	√	√	×	√	√	×
101	102	103	104	105	106	107	108	109	110
×	√	√	×	√	√	×	√	×	√

第 3 章 Windows 7 操作系统

一、单选题

1	2	3	4	5	6	7	8	9	10
C	D	B	A	C	C	B	D	D	D
11	12	13	14	15	16	17	18	19	20
C	B	C	A	C	A	C	B	A	C
21	22	23	24	25	26	27	28	29	30
D	C	C	C	C	C	A	D	A	B
31	32	33	34	35	36	37	38	39	40
D	C	C	B	B	C	A	D	D	B
41	42	43	44	45	46	47	48	49	50
A	B	A	A	A	C	D	B	C	B
51	52	53	54	55	56	57	58	59	60
B	A	D	A	C	D	A	D	C	B
61	62	63	64	65	66	67	68	69	70
D	D	D	D	D	D	C	B	A	A
71	72	73	74	75	76	77	78	79	80
A	B	A	D	B	C	C	C	C	D

二、判断题

1	2	3	4	5	6	7	8	9	10
√	×	×	×	×	√	√	√	×	×
11	12	13	14	15	16	17	18	19	20
×	×	×	×	√	√	√	×	×	√
21	22	23	24	25	26	27	28	29	30
×	×	×	√	√	×	√	×	×	×
31	32	33	34	35	36	37	38	39	40
√	×	√	×	√	×	×	√	√	×
41	42	43	44	45	46	47	48	49	50
√	×	√	√	√	√	√	√	√	×
51	52	53	54	55	56	57	58	59	60
×	√	√	×	×	×	×	√	×	×
61	62	63	64	65	66	67	68	69	70
×	√	√	√	√	√	×	×	×	√
71	72	73	74	75	76	77	78	79	80
×	×	×	√	√	√	√	×	×	√
81	82	83	84	85	86	87	88	89	90
×	×	×	×	√	×	√	√	×	×

第4章 文字处理软件 Word 2010

一、单选题

1	2	3	4	5	6	7	8	9	10
A	D	D	A	C	A	D	C	B	A
11	12	13	14	15	16	17	18	19	20
A	A	A	D	D	B	D	A	C	A
21	22	23	24	25	26	27	28	29	30
A	C	A	B	A	C	A	B	B	D
31	32	33	34	35	36	37	38	39	40
D	C	D	B	B	C	A	B	C	B
41	42	43	44	45	46	47	48	49	50
A	C	C	B	D	D	C	D	D	D
51	52	53	54	55	56	57	58	59	60
D	D	B	B	C	C	C	D	B	B
61	62	63	64	65	66	67	68	69	70
B	D	B	B	D	D	C	A	D	B

二、判断题

1	2	3	4	5	6	7	8	9	10
×	×	√	×	×	×	×	×	×	×
11	12	13	14	15	16	17	18	19	20
√	×	×	√	×	×	×	√	√	√
21	22	23	24	25	26	27	28	29	30
√	×	×	√	√	√	×	×	√	√
31	32	33	34	35	36	37	38	39	40
√	×	√	×	×	√	×	×	×	×
41	42	43	44	45	46	47	48	49	50
√	×	√	√	√	√	×	√	√	×
51	52	53	54	55	56	57	58	59	60
√	√	√	×	×	×	×	×	×	√
61	62	63	64	65					
×	×	√	×	√					

第 5 章 文稿演示软件 PowerPoint 2010

一、单选题

1	2	3	4	5	6	7	8	9	10
A	A	B	A	A	A	D	A	B	B
11	12	13	14	15	16	17	18	19	20
C	B	A	D	B	D	C	D	B	D
21	22	23	24	25	26	27	28	29	30
D	C	D	D	B	D	B	B	A	B
31	32	33	34	35	36	37	38	39	40
B	C	B	B	C	D	B	B	D	A
41	42	43	44	45	46	47	48	49	50
B	D	A	A	C	B	A	A	A	D
51	52	53	54	55	56	57	58	59	60
C	B	D	B	A	A	A	A	C	C

二、判断题

1	2	3	4	5	6	7	8	9	10
√	×	√	√	√	√	×	×	√	×
11	12	13	14	15	16	17	18	19	20
√	×	√	√	√	√	√	√	√	×

第 6 章 电子表格软件 Excel 2010

一、单选题

1	2	3	4	5	6	7	8	9	10
B	B	C	B	B	D	C	C	D	D
11	12	13	14	15	16	17	18	19	20
D	C	A	C	A	B	D	D	C	C
21	22	23	24	25	26	27	28	29	30
A	A	D	B	A	B	B	A	B	D
31	32	33	34	35	36	37	38	39	40
B	D	C	B	D	B	A	C	D	A
41	42	43	44	45	46	47	48	49	50
B	B	A	B	A	A	A	C	C	B
51	52	53	54	55	56	57	58	59	60
C	D	D	C	A	B	A	C	C	D

二、判断题

1	2	3	4	5	6	7	8	9	10
√	√	×	×	√	√	√	×	×	√
11	12	13	14	15	16	17	18	19	20
×	√	√	√	√	√	√	×	×	√
21	22	23	24	25	26	27	28	29	30
√	√	×	×	×	√	√	×	×	×
31	32	33	34	35	36	37	38	39	40
√	√	×	√	×	×	√	√	×	√
41	42	43	44	45	46	47	48	49	50
√	×	×	√	×	√	√	√	√	×
51	52	53	54	55	56	57	58	59	60
√	√	√	×	×	√	×	×	×	×
61	62	63	64	65	66	67	68	69	70
√	×	√	√	√	×	×	×	√	√
71	72	73	74	75	76	77	78	79	80
√	√	×	×	√	√	×	√	√	√

第 7 章 数据库技术基础

一、单选题

1	2	3	4	5	6	7	8	9	10
D	A	D	B	B	C	D	A	D	B
11	12	13	14	15	16	17	18	19	20
A	C	D	A	A	C	B	D	B	D
21	22	23	24	25	26	27	28	29	30
D	C	D	C	D	D	B	D	A	A
31	32	33	34	35	36	37	38	39	40
B	D	C	A	B	D	B	D	A	D

二、判断题

1	2	3	4	5	6	7	8	9	10
×	×	√	√	√	×	√	√	√	√
11	12	13	14	15	16	17	18	19	20
√	√	√	√	×	×	×	√	√	√

第 8 章 计算机网络与应用

一、单选题

1	2	3	4	5	6	7	8	9	10
B	C	B	B	D	B	B	C	D	C
11	12	13	14	15	16	17	18	19	20
D	C	D	C	D	C	C	C	B	B
21	22	23	24	25	26	27	28	29	30
C	C	B	A	A	D	B	D	C	C
31	32	33	34	35	36	37	38	39	40
D	D	B	A	D	D	D	D	D	D
41	42	43	44	45	46	47	48	49	50
C	C	A	C	C	B	B	D	A	C
51	52	53	54	55	56	57	58	59	60
D	C	D	C	A	C	C	C	B	C
61	62	63	64	65	66	67	68	69	70
A	A	C	C	B	B	A	A	C	C

二、判断题

1	2	3	4	5	6	7	8	9	10
√	×	×	×	√	√	×	×	√	√
11	12	13	14	15	16	17	18	19	20
×	×	×	×	×	√	×	×	×	√
21	22	23	24	25	26	27	28	29	30
×	×	×	×	√	×	√	√	×	×
31	32	33	34	35	36	37	38	39	40
×	√	×	×	√	×	√	×	√	√
41	42	43	44	45	46	47	48	49	50
√	×	×	×	√	√	×	√	√	×

第 9 章　信息安全

一、选择题

1	2	3	4	5	6	7	8	9	10
D	B	D	C	C	D	D	A	D	A
11	12	13	14	15	16	17	18	19	20
A	C	D	C	A	D	D	B	B	B

二、判断题

1	2	3	4	5	6	7	8	9	10
√	√	√	√	×	×	×	√	×	×
11	12	13	14	15	16	17	18	19	20
√	×	√	×	×	×	×	×	√	×

参考文献

【1】刘智等.面向计算思维培养的大学计算机基础实例进阶.武汉：武汉大学出版社.2014

【2】吕新平.大学计算机基础上机指导与习题集（第5版）.北京：人民邮电出版社，2014

【3】朱新华.大学计算机基础实例教程. 桂林：广西师范大学出版社，2014

【4】唐培和.大学计算机基础导论.桂林：广西师范大学出版社，2010

【5】周娅.大学计算机基础. 桂林：广西师范大学出版社，2014

【6】吴雪飞.大学计算机基础.北京：中国铁道出版社.2014